先輩がやさしく教える
セキュリティの知識と実務

橋本和則
Microsoft MVP
(Windows and Devices for IT)

SHOEISHA

はじめに

PCのセキュリティなどと言うとつい難しく感じてしまい、**とりあえずセキュリティソフトだけ入れて放置している**という方も多いかもしれません。

●具体的な解決策がよくわかる

セキュリティがなぜ難しいと感じるかを考えたことはあるでしょうか？

実は、セキュリティが難しいのは「世の中の悪意に対するセキュリティ知識や設定」という側面の他に、「目的が見えない」という側面があるからです。

目的の見えない事柄に向かって、よく言われている「脆弱性対策」やら「アカウント管理」やら言われても、**実感がわかず、達成感もないため、何をどこまですべきなのかわからない点も「セキュリティは難しい」という要素に含まれるの**です。

そこで本書は、単なるセキュリティ設定を語るのではなく、「悪意はどのようなスキを突いて侵入・攻撃を行うのか」「マルウェアに侵されたPCで何が起こるのか」などの背景を示した上で、**「だから何をすべきか」という具体的なセキュリティ対策を丁寧に解説**します。

なお、よく耳にする「攻撃を受けて情報漏えいした」などのニュースの多くは、「Webサーバーに対する攻撃（Webサービスを公に提供している会社の被害）」であり、私たちの規模のPCやネットワーク環境のセキュリティにはあまり該当しない事柄です。

そして、Webや雑誌記事などで語られるセキュリティは、「個人向け（パーソナル利用のPC向け）」であることが多く、実はこれも私たちのような「業務利用するPC」のセキュリティにはそのまま適用できない事柄や設定が多くあります。

●小さな会社で本当に使えるセキュリティ知識と設定を紹介

本書では、実際のビジネス環境として一番需要があると思われる「**PCが数台～20台程度までのネットワークが構成されたオフィス環境**」を対象に、「この規模の環境・操作・設定・管理の何にセキュリティリスクがあるか」「どのような知識を持って対策に臨むべきか」「利便性を落とさない範囲で何を管理・設定すべきか」「実際にマルウェアに侵された可能性があるPCをどう扱えばよいか」などをわかりやすく、「**時間とコストをかけない現実的なセキュリティ**」を**解説**します。

私たちの触れるPCはインターネットに常に接続されているため、マルウェアに侵されると自身の被害のみにとどまらず、気づかないうちに他社や他の人にもサイバー攻撃というかたちで被害を与えてしまうこともあります。

本書で解説するセキュリティ対策の知識・管理・設定が、このようなマルウェア被害の拡大を食い止め、また日々業務を遂行する上での「安全・安心」につながれば幸いです。

橋本情報戦略企画

橋本和則

Contents | 目次

はじめに 002

会員特典データのご案内 012

第1部 基礎知識編

Chapter 1 そもそもセキュリティとは? 013

01 セキュリティは「人の生活」に置き換えて考えてみよう 014

02 ビジネス環境に即したセキュリティ対策がある 016

03 マルウェアなどのセキュリティ用語について確認しよう 018

04 世の中で言われているセキュリティ対策は必ずしも正しくない 020

05 PCがマルウェアに侵されると、何が起こるのか? 022

06 PCはどのようにマルウェアに侵されるのか? 024

07 トラブル時こそ、悪意が実行される最適なタイミング! 026

08 セキュリティ対策に必要な基本の6項目 028

09 全方位対策が求められるビジネス環境のセキュリティ 031

Column 目的の設定にスムーズにアクセスする 034

Chapter 2 セキュリティ担当者として知っておくべきこと 035

01 ネットワーク上にも住所がある 036

02 PCやネットワーク機器に欠かせないIPアドレス　………………………… 038

03 インターネット回線を複数PCで利用可能にするルーター　…………… 040

04 OSはPC全体の制御を担う　…………………………………………… 042

05 OSやアプリ、デバイスにもサポート期間がある………………………… 044

06 Windows 10はバージョン更新で永続的なサポートが受けられる　…… 046

07 PC本体の基本構造とハードウェアの正常性の確認　………………… 048

08 新しいPCのほうがセキュリティに強い　………………………………… 050

09 OSにあらかじめ標準搭載されているセキュリティ機能………………… 052

10 マルウェア対策機能の役割と基本動作　……………………………… 054

11 ファイアウォールの役割と通信アプリ利用時の注意点　……………… 056

12 ITの世界はクラウドサービスが大きな収入源になっている　………… 058

Column　Windows 10のバージョンやエディションを確認する………… 060

第2部　実務編

Chapter 3　**PCの設定と管理** ……………………………………………… 061

01 [設定の確認]PCのセキュリティ状態を確認しよう　………………… 062

02 [設定の確認]PCのセキュリティソフトを確認しよう　……………… 064

03 [アップデート]OSのアップデートで脆弱性対策をしよう　………… 066

04 [アップデート]更新プログラムにはいくつかの種類がある　………… 068

05 [アップデート]OSアップデートにはリスクがある　………………… 070

06 [アプリ管理]アプリ・プログラムの導入が最大のリスクになる　……… 072

005

07 ［アプリ管理］アプリ・プログラム導入時に気をつけるべきこと ……… 074

08 ［アプリ管理］アプリ・プログラム導入時に警告を表示しよう ………… 076

09 ［アプリ管理］アプリが最新版かどうか確認しよう ……………………… 079

10 ［アプリ管理］アプリはなるべく安全なストアで入手しよう ………… 081

11 ［アカウント管理］従業員が設定できる範囲を制限しよう……………… 083

12 ［アカウント管理］ユーザーアカウントを使い分けて管理しよう ……… 085

13 ［アカウント管理］ローカルアカウントを基本とした管理をしよう …… 087

14 ［システム管理］「PCのリセット」で正常なPCの状態に復元しよう …… 089

15 ［システム管理］
システムをバックアップ・リカバリできる環境にしよう ……………… 091

16 ［システム管理］
従業員のデータファイルをファイルサーバーで管理しよう ………… 093

17 ［サンドボックス］
安全性の不明なアプリはテストしてから安全に実行しよう ………… 095

Chapter 4 **日常操作と業務運用** ………………………………………… 099

01 ［離席対策］PCから離れる際には他人が操作できないようにしよう …… 100

02 ［離席対策］自動ロックで従業員のうっかりミスを防ぐ ……………… 102

03 ［離席対策］人前ではパスワード入力せずにサインインしよう ………… 104

04 ［メッセージ対策］
送られてきたメッセージが偽装メールかどうか確認しよう ………… 106

05 ［メッセージ対策］
メールアドレスをうまく管理して偽装・スパムメールを防ごう ……… 108

06 ［日常対策］クイックスキャンでマルウェアがないかチェックしよう … 110

07 ［日常対策］マルウェア対策機能は必要に応じて手動で更新する ……… 112

08 ［日常対策］PCの電源は毎日落とさない ……………………………… 114

09 ［ファイルを開く］ファイルを開く前に拡張子を確認しよう……………… 116

10 ［ファイルを開く］データファイルを安全に開く方法 …………………… 119

11 ［データの受け渡し］取引先とのデータの受け渡し方法を見直そう……… 121

12 ［リムーバブルメディアの暗号化］
社外に持ち出すUSBメモリを安全に使うには？ ………………………… 124

13 ［マルウェアへの対処］
マルウェアへの具体的な対処方法を確認しておこう …………………… 127

14 ［マルウェアへの対処］
様々なウィルススキャンを駆使しよう ………………………………… 130

15 ［マルウェアへの対処］動作しているアプリなどの安全性を確認しよう… 133

Column　PCが以前に比べて不安定になった場合はどうする？ ………… 136

Chapter 5　**Webブラウザの管理と設定** …………………………… 137

01 ［Webブラウズ］
インターネット利用時の注意事項を全従業員で共有しよう …………… 138

02 ［Webブラウズ］SSLサーバー証明書によるWebサイトの安全性……… 140

03 ［Webブラウズの理論と注意］
Webサイトの閲覧時にこちらから送信している情報とは？ …………… 143

04 ［マルウェアへの誘導対策］
「ウィルスに感染した」などの誘導を信じてはいけない ………………… 146

007

05 ［マルウェアへの誘導対策］
巧妙な偽装サイトにだまされないための方法 ……………………………… 149

06 ［Webブラウザの管理］Webブラウザの管理はOS同様に気を配ろう…… 151

07 ［Webブラウザの管理］Internet Explorerは可能な限り使わない ……… 153

08 ［Webの履歴情報］
プライバシー情報を残さずにWebサイトを閲覧するには？…………… 155

09 ［Webブラウザ設定］Webブラウザの便利機能は取捨選択しよう……… 157

10 ［同期機能］Webブラウザの同期機能の利用は控えよう ………………… 160

11 ［Webサービス管理］Webサービスのアカウントを 安全に管理しよう… 162

12 ［Webサービス管理］安全なパスワード設定と管理の仕方を知っておこう… 164

Column 自社でWebサイト運営している場合に注意すべきこと ……… 166

Chapter 6 **社内ネットワーク** …………………………………………… 167

01 ［ルーター設定］ルーターの役割を再確認して対策しよう ……………… 168

02 ［ルーター設定］ルーター設定にログインしよう………………………… 170

03 ［ルーター設定］管理者のみがルーターにログインできる設定にしよう…… 172

04 ［ファームウェア更新］ルーターのファームウェアをアップデートしよう…… 174

05 ［ルーター設定］
ルーター設定を見直して不要な設定がないか確認しよう ……………… 176

06 ［無線LAN管理］無線LANの通信を安全に行う方法とは？ …………… 178

07 ［無線LAN管理］スムーズに通信するために通信規格を選択しよう…… 180

08 ［無線LAN親機の設定］
無線LANのアクセスポイント設定を見直そう ………………………… 182

09 ［無線LAN子機の設定］従業員のPCのWi-Fi接続設定を行おう ……… 184

10 ［無線LAN設定と管理］
　　Wi-Fi接続できるPCや便利機能はなるべく減らそう …………………… 186

11 ［無線LAN設定と管理］自社への訪問者にWi-Fi接続を安全に開放しよう 188

12 ［外出時のインターネット接続］
　　外出先で安全に無線LANを利用するには？ ………………………………… 190

13 ［ネットワークプロファイル］
　　ネットワーク接続の安全性確保と通信量軽減設定 ………………………… 192

14 ［スマートフォンの設定］
　　スマートフォンも必ずセキュリティ対策をしよう ………………………… 194

15 ［iPhoneとiPadの設定］iPhoneとiPadで紛失対策を設定しよう ……… 196

16 ［Android端末の設定］
　　Android端末でセキュリティ対策と紛失対策を設定しよう …………… 198

17 ［トラブルシューティング］
　　「ネットワークに接続できなくなった」場合はどうする？ ……………… 200

Column　PCの買い替えや中古PCの購入には万全の注意を払おう …… 202

Chapter 7　**ファイルサーバーによるデータファイル管理**……… 203

01 ［ファイルサーバー］データファイルを一元管理しよう ………………… 204

02 ［ファイルサーバー］ファイルサーバーのメリットを確認しよう ………… 206

03 ［ファイルサーバー］ファイルサーバーとして利用できるPCの条件 …… 208

04 ［NAS］NASをファイルサーバーに適用しよう ………………………… 210

05 ［共有フォルダー設定：サーバー］
　　ファイルサーバーの基本設定を行おう ……………………………………… 212

009

06 ［共有フォルダー設定：サーバー］

共有フォルダーへのアクセス許可を行おう ……………………………… 216

07 ［共有フォルダー設定：サーバー］共有フォルダー設定の準備を行おう… 218

08 ［共有フォルダー設定：サーバー］

共有フォルダーへのアクセスを許可するユーザー名を選ぼう ………… 221

09 ［共有フォルダー設定：サーバー］

共有許可したユーザー名のアクセスレベルを設定しよう ……………… 224

10 ［共有フォルダー設定：クライアント］

PCからファイルサーバーのデータにアクセスしよう …………………… 226

11 ［資格情報の管理：クライアント］

サーバーへのアクセス情報を管理しよう ………………………………… 229

12 ［ファイルサーバーの安全運用］

停電時にデータを失わないように対策しよう …………………………… 231

13 ［バックアップ］バックアップはセキュリティ対策であることを知ろう… 234

索引 ……………………………………………………………………………… 236

本書について

※ Windows 10 は機能アップグレードにより、操作・設定・セキュリティ機能に変更が加えられます。
　本書は執筆時点での最新バージョン「Windows 10 バージョン 1903」を対象に解説を行っています。
　将来的な変更にも耐えうるようにセキュリティの解説を行っていますが、Windows 10 の機能が更新
　された場合には、一部の操作設定や仕様は変更される可能性があります。
※ネットワーク環境の管理については「一般的なインターネットプロバイダーとの契約回線（オフィス
　内でルーター管理が可能な環境）」を前提として解説しています。マンションに備えつけの回線などを
　利用している場合などはルーターを設定・管理できない関係上、本書記述の一部は適用できないもの
　があります。

本書内容に関するお問い合わせについて

このたびは翔泳社の書籍をお買い上げいただき、誠にありがとうございます。弊社では、読者の皆様からのお問い合わせに適切に対応させていただくため、以下のガイドラインへのご協力をお願いいたしております。下記項目をお読みいただき、手順に従ってお問い合わせください。

●ご質問される前に

弊社Webサイトの「正誤表」をご参照ください。これまでに判明した正誤や追加情報を掲載しています。

正誤表　https://www.shoeisha.co.jp/book/errata/

●ご質問方法

弊社Webサイトの「刊行物Q&A」をご利用ください。

刊行物Q&A　https://www.shoeisha.co.jp/book/qa/

インターネットをご利用でない場合は、FAXまたは郵便にて、下記"翔泳社 愛読者サービスセンター"までお問い合わせください。
電話でのご質問は、お受けしておりません。

●回答について

回答は、ご質問いただいた手段によってご返事申し上げます。ご質問の内容によっては、回答に数日ないしはそれ以上の期間を要する場合があります。

●ご質問に際してのご注意

本書の対象を超えるもの、記述個所を特定されないもの、また読者固有の環境に起因するご質問等にはお答えできませんので、あらかじめご了承ください。

●郵便物送付先およびFAX番号

送付先住所　〒160-0006　東京都新宿区舟町5
FAX番号　　03-5362-3818
宛先　　　　（株）翔泳社 愛読者サービスセンター

※本書に記載されたURL等は予告なく変更される場合があります。
※本書の出版にあたっては正確な記述につとめましたが、著者や出版社などのいずれも、本書の内容に対してなんらかの保証をするものではなく、内容やサンプルに基づくいかなる運用結果に関してもいっさいの責任を負いません。
※本書に記載されている会社名、製品名はそれぞれ各社の商標および登録商標です。
※本書に記載されている情報は2019年8月執筆時点のものです。

会員特典データのご案内

会員特典データは、以下のサイトからダウンロードして入手なさってください。

https://www.shoeisha.co.jp/book/present/9784798161402

※会員特典データのファイルは圧縮されています。ダウンロードしたファイルをダブルクリックすると、ファイルが解凍され、ご利用いただけるようになります。

- **注意**

※会員特典データのダウンロードには、SHOEISHA iD（翔泳社が運営する無料の会員制度）への会員登録が必要です。詳しくは、Web サイトをご覧ください。

※会員特典データに関する権利は著者および株式会社翔泳社が所有しています。許可なく配布したり、Web サイトに転載することはできません。

※会員特典データの提供は予告なく終了することがあります。あらかじめご了承ください。

- **免責事項**

※会員特典データの記載内容は、2019 年 8 月現在の法令等に基づいています。

※会員特典データに記載された URL 等は予告なく変更される場合があります。

※会員特典データの提供にあたっては正確な記述につとめましたが、著者や出版社などのいずれも、その内容に対してなんらかの保証をするものではなく、内容やサンプルに基づくいかなる運用結果に関してもいっさいの責任を負いません。

※会員特典データに記載されている会社名、製品名はそれぞれ各社の商標および登録商標です。

第1部 | 基礎知識編

そもそもセキュリティとは？

Chapter

1

Section 01 セキュリティは「人の生活」に置き換えて考えてみよう

　PCのセキュリティと言われても捉えどころがなく難しい印象があるかもしれませんが、「人の生活」に置き換えて考えてみるとわかりやすくなります。

人の生活に置き換えるとはどういうことでしょうか？

　家に鍵をつけなければ泥棒がいつ侵入してきてもおかしくありません。また宅配便を装った悪人が訪問した際、こちらがなにも疑わずに招き入れてしまえば悪意の侵入と室内での犯行を許すことになります。
　つまり、悪人の侵入を許す可能性のある場所をきちんと把握した上で鍵をかけるなどの防犯対策を行うとともに、善人を装って訪れてきた悪人に対してはドアを開けず侵入を許さないという対処が必要になりますが、これはPCのセキュリティでも同じです（図1-1）。

なるほど。悪人=ウィルスと考えて、PCにウィルスが侵入しない対策を行えばよいわけですね

　送られてきたもの（取引先からのデータファイルなど）や、自らが受け入れる物事（アプリなど）に悪意がないとは限らないので、**必要なもののみ許可し、不必要なものには最初から手を出さない**という気構えが欠かせません。ちなみにウィルスは、正確には「マルウェア」と呼称すべきですが、詳しくは1章03項で解説します。
　犯罪が行われやすい場所を知っておくことも、安全を確保する術としてPCのセキュリティに置き換えることができます。
　例えば犯罪多発地域や人通りが少ない場所では、必然的に犯罪遭遇率が高くなります。これはPCの世界でも同じで、アダルト動画サイトや違法ダウンロード

サイトなどにアクセスすれば、それだけマルウェアに侵される可能性が高くなるのです。

悪意の侵入を許さず、また自ら悪意がうごめく場所に踏み入らなければ、悪意に侵されないということですね

OSやネットワークのセキュリティに対して難しさを感じるかもしれませんが、

・悪意の侵入を許さない
・悪意を自ら招き入れない
・悪意ある場所に自ら立ち入らない

が基本になることをまず知っておいてください。

家屋が構造的に頑丈で壁などを蹴破られない（堅牢なOSの採用）

警備サービスを導入して怪しいものの侵入を許さない（マルウェア対策）

悪意が侵入しそうな穴を塞ぐ（脆弱性対策）

招き入れるものの安全性を確認して場合によっては拒否する（アプリ導入の制限）

普段の行動（スキ）を見せない、相手にさとられないようにする（不要なサービスを利用しない、不要なアクセスをしない）

まさかの場所もチェックして防犯対策する（無線LANアクセスポイント設定など）

悪意に侵入された場合も想定して、撃退方法も確認・用意しておく（マルウェア駆除方法の確認、PCのリセット）

図1-1：家のセキュリティに似ているPCのセキュリティ

ワンポイントアドバイス

PCのセキュリティは、一般生活におけるセキュリティと同じ。防犯対策として各種悪意の侵入経路を塞ぐ他、アプリ導入時などは招き入れても問題はないかをチェック。自分から怪しい場所には立ち入らないのが基本姿勢だ

Section 02 ビジネス環境に即したセキュリティ対策がある

　PCのセキュリティは、悪意あるものの侵入を防ぐことが基本です。PCのマルウェア対策機能で悪意あるプログラムの検出や駆除を行い（2章10項）、不要な通信を許さずに（2章11項）、スキを突かれないための脆弱性対策（3章03項）を施すことで、マルウェアに侵されるリスクを防ぐことができます（図1-2）。

正しくPC設定さえすれば、完ぺきにセキュリティ対策をできるというわけですね

　それがそうとも言えません。私たちはPCでデータファイルを開いたり、SNS・メール・チャットなどでメッセージやファイルの送受信などを行ったりします。業務で必要になったアプリ（プログラム）をダウンロードしてインストールすることや、Webサイトにアクセスしたり Webサービスを利用したりして作業を行うこともあります。
　このようなごく一般的なPC操作の中に、悪意あるものは罠を仕掛けているのです。
　つまり**日常的な業務作業の中にも悪意に侵される可能性があることを知り、悪意に侵されないための知識と対策を身につけなければならない**のです。

なるほど、頑張って日常的に悪意に侵されないために気をつけることや対策を勉強します！

　忘れてはいけないのは、私たちが身をおくのはビジネス環境ということです。仮にあなたがセキュリティの知識を身につけて完ぺきな対策を行えたとしても、他の従業員はどうでしょうか？　PCに触れるすべての従業員がセキュリティの知識を得て、場面に応じた正しい対策を行えるかと言えば……。

> む、無理無理、不可能です。頭の固い上司もいれば、PCの正しい使い方を守らない人もいます

　本書で述べる**セキュリティ対策の内容のすべてを、すべての従業員に覚えてもらおうというのは無理がありますし現実的ではありません。**

　そこで必要になるのが制限と管理です。PCにおける各種操作、特にセキュリティリスクの高い物事においては、必要なもののみに許可を与え、**ITリテラシーの低い人には許可を与えない**という**制限と管理が必要**になります。

　この点については3章全般で詳しく解説しますが、「ユーザーアカウント」を管理した上で「PCのシステム設定の権限」「アプリ導入の権限」「共有フォルダーのアクセス権限」などを設定して、ITリテラシーが低い人がマルウェアに侵される場面をなるべく防ぐとともに、共有フォルダーや無線LANアクセスポイントへのアクセス許可になるパスワードは「ネットワーク管理者（社内でネットワークを管理する権限を持つもの）」のみで管理するなど、**ビジネス環境ではマルウェアに侵されないための管理を工夫して確立する必要があります。**

図1-2：PCの基本セキュリティ

ワンポイントアドバイス

> 日常的なPC操作の中にこそ、マルウェアを仕掛ける悪意が存在する。セキュリティの知識を持って対策にあたるべきだが、ビジネス環境ではITリテラシーが低い人には各種権限を与えないという制限と管理も必要だ

Section 03 マルウェアなどのセキュリティ用語について確認しよう

　TVや新聞記事などの一般的な報道では、PCに対する悪意全般をウィルスと呼称していますが、本来ウィルスとは感染した上で寄生して活動する悪意を意味します。

　悪意の中には寄生しないで単体で自己増殖を行うワーム、偽装し悪意を隠し持つトロイの木馬などがあり、このような**悪意を持つ・有害である・不正であるといった特徴を持つプログラムやコードの総称が「マルウェア（malware）」**です（図1-3）。

そうなのですね。これからはマルウェアと呼ぶようにします

　ITの世界における各種用語はそもそも定義が曖昧であることが多く（例えばログイン（login）・ログオン（logon）・サインイン（sign in）などは言い方が異なるものの意味は同じになります）、特にネットワーク用語とセキュリティ用語は極めて曖昧です。

　場面によって**本来の正しい表現よりも一般的な用語が優先されることが多く**、例えばWindowsの設定画面でも本来はマルウェアと表記すべきところを、あえてウィルスと表記している場所もあります。

ええっと、つまりどうすれば……

　IT系の用語の多くは曖昧であるという事実を認識した上で、報道などの場面でセキュリティ用語やネットワーク用語が出てきた場合には、話の文脈や登場場面などから用語が示す意味や範囲を踏まえて、言葉の本質（言わんとしていること）を理解する必要があります。

社内ではどのように用語を使えばよいでしょうか？

　社員や同僚、あるいは上司に対して教育する立場の人（セキュリティについて語らなければならない人）は、わかりやすく噛み砕いた用語を選んでください。
　正確な用語を他者に押しつけることよりも、理解してもらうことを優先するとよいでしょう。

図1-3：マルウェアとは悪意の総称

ワンポイントアドバイス

 IT用語は、全般的に曖昧でマスコミやPC設定表記内でも誤用されている。各用語に対する正確な意味よりも全般的に言わんとしていることを理解した上で、セキュリティ対策に臨むべし

Section 04 世の中で言われているセキュリティ対策は必ずしも正しくない

　セキュリティ対策を行う上で、Webサイトや過去に出版された書籍を参照することがあると思います。この際、各種解説や必要手順といったセキュリティ対策全般の記述を鵜呑みにしないようにしてください。

え？　鵜呑みにできないってどういうことでしょうか？

　もう古くなってしまっていて現在には当てはまらない記述や、そもそも記述者の認識違いによる解説がセキュリティ全般に多く見られます。
　ITの世界は時代の流れが早いので、「以前の知識や前提が通用しない」ことが多々あり、実はPCが得意であると自称する人ほど古い知識を信じ込んだままのステレオタイプの人が多く、他者に間違えた認識や知識を押しつける傾向があります。
　例えば「Windowsにセキュリティソフトの導入は必須」「PCは未使用時に電源を落とすべき」「定期的なパスワード変更は必須かつ常識」などはセキュリティ対策としてすべて間違いです。

では、Webサイトや古い書籍で記述されている内容は何も信用できないということでしょうか？

　そういうことではありません。物事には普遍的な部分と進化する部分があるため、古い書籍でも構造的な理解などは参考になります。ただしPCのハードウェアやOS、また具体的なセキュリティ対策設定などは進化する部分であるため、古い記述を参照する場合には最新情報と照らし合わせる必要があるのです。
　例えば、Windows 10は進化するOSなので、新しいバージョンが登場すると設定や操作が変更されることがあります。ネットワークの世界では新しい悪意が

日々登場する他、OSに新しい機能が追加されてセキュリティの詳細な設定が変更されることもあるので、その時代に合わせた設定とセキュリティ対策が必要になるのです。

なお、セキュリティ設定などにおいて一部で存在する「別機能への誘導」には注意してください（図1-4）。

別機能への誘導とはなんのことでしょうか？

例えば「Windows 10標準ではセキュリティ不足」などと記述して、別のセキュリティソフトの導入を勧めている広告などがありますが、標準機能で必要十分です（2章09項）。

また、OSやWebブラウザの操作や設定の場面では、セキュリティ対策としての「クラウドへの誘導」が随所に表示されますが、ビジネス環境によってはこの誘導に乗ってしまうと逆に情報漏えいなどのセキュリティリスクを増やしかねないことに注意が必要です（2章12項）。

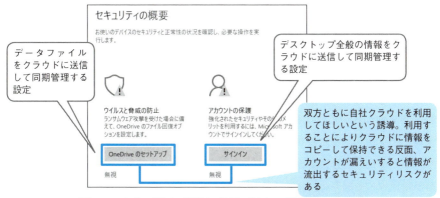

図1-4：セキュリティ対策に必須ではない別機能への誘導

ワンポイントアドバイス

ITは日進月歩の世界であり、常に変化するため古い情報はあてにならない。記述内容や誘導される機能・設定が正しいか否かを随所で見極めて、自身のビジネス環境に最適なセキュリティ対策に臨もう

Section 05 PCがマルウェアに侵されると、何が起こるのか？

　PCが悪意に侵されると何が起こるのかを知っておくと、セキュリティにおいて何を対策しなければならないかがわかりやすくなります。

たしかに！　悪意に侵されると、PCはどうなってしまうのですか？

　代表的なものに「踏み台」と呼ばれるものがあります（図1-5）。これは悪意あるもの（攻撃者）にPCが乗っ取られた状態で、乗っ取られたPCがリモートで他のPCを攻撃することです。いわゆるサイバー攻撃（DDoS攻撃など）を行うPCになってしまうため、リモートで攻撃された相手から見ると攻撃者は乗っ取られたPCということになります。

　たまに「このPCには大したデータが入っていないからウィルスに感染してもかまわない」などの戯言を聞くことがありますが、悪意の攻撃対象や攻撃内容によっては自身が加害者になってしまうこと、またビジネス環境であることを考えても、このような悪意には絶対に侵されない対策が必要なのです。

　報道などで有名なのが**「ランサムウェア」**です。PC上のデスクトップ操作や重要なファイルがロック（使用できない状態）され、元に戻すために身代金を要求されます。データを暗号化してロックする手口が多く、理論上は暗号化を解けばファイルを取り戻せますが、仮に「ここにお金を払え」「ここに電話しろ」などの指示に従っても暗号化やロックを解除してもらえず、結局ファイルは取り戻せない場合がほとんどです。

サイバー攻撃やランサムウェアはよく聞きます。他にはどのようなことが起こりえますか？

　ビジネス環境で甚大な被害になるのが「情報漏えい」です。これには複数の手

段が存在するのですが、ドキュメントフォルダーがまるごとサーバーにアップロードされるなどの悪意が実行され、悪意あるものの手にデータが渡る他、すべてのデータがWeb上に公開されてしまうなどのパターンもあります。

キー入力を監視して記録した上で悪意あるものに入力情報を送信する「キーロガー」にも注意です。入力情報が盗まれると、Webサービスのアカウントなどを乗っ取られて甚大な被害にあう可能性があります。

偽装サイトに誘導されて、「ユーザー名」「パスワード」を自ら入力してしまう「フィッシング」による乗っ取りや情報流失というパターンも存在します。

なんだかたくさんの悪意が仕掛けられていて怖いですね。でもマルウェア対策機能でこのような悪意は防げるのですよね？

いいえ、残念ながら防げないものあります。その理由はどのように悪意に侵されるのかということと関わっているので、次項で解説します。

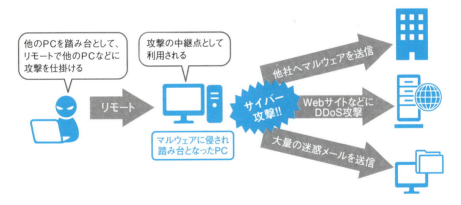

図1-5：踏み台による乗っ取りと攻撃

ワンポイントアドバイス

代表的なマルウェアには、「ランサムウェア」のように金品を要求されるものもあれば、「踏み台」として他のPCを攻撃するもの、「キーロガー」のように入力情報を盗み出すものなどがある

Section 06　PCはどのようにマルウェアに侵されるのか？

　PCはセキュリティ対策として、「マルウェアの検知と駆除」「ファイアウォールによる不要な通信遮断」「アップデートにおける脆弱性対策」が標準で有効になっています。これらの機能が正常に働いていれば、ルーターの存在により直接外部からPCにアクセスできないことを考えても、**外部から直接PCが攻撃を受けてマルウェアに侵されるということはまずありません。**

では、PCはなぜマルウェアに侵され、「踏み台」にされるのでしょうか？

　この点は振り込め詐欺（オレオレ詐欺）に非常によく似ています。振り込め詐欺の場合、**だまされた人が自らお金を用意して、悪人に自らお金を渡してしまいますが、PCが悪意に侵されるのも同様です。**

　PCがマルウェアに侵されるという被害のほとんどは、脅しや誘導などから「自ら悪意を受け入れて許可している」ことが多いのです（図1-6）。

正直に言うと、振り込め詐欺にだまされる人ってどうしてだろうなあと思ったり……。
僕だったら絶対だまされない自信があります

　報道で客観的に結果を知った状態の私たちとは異なり、**実際にだまされる当事者は混乱しています。** 相手はプロですから、時間的な制約や立場的な保全を持ちかけ、相手をうまく誘導して金品をだまし取ります。
　PCにおいてもそうです。普段はそのような悪意のある怪しい誘導にだまされなくても、「PCがこのままだと壊れる」「取引先がカンカンに怒っている」「今日振り込まないと会社ごと訴える」「警察に連絡するぞ」「このサイトを見ているお前の名前を全国にバラすぞ」などと脅されると、慌てて対応してしまい、悪意あるものの誘導に乗ってしまうかもしれません。

そして気をつけなければならないのは、仮にあなたが絶対にだまされないとしても、**他の従業員が誘導に乗ってだまされてしまう可能性があります。**

PCが悪意に侵される原因が日常的なPC操作の中に潜むことを考えても、各人がPC操作やアプリ導入などに注意を払わなければいけない他、ITリテラシーが低い人に対して操作や設定に制限をかけることもビジネス環境に必要なセキュリティ対策になります。

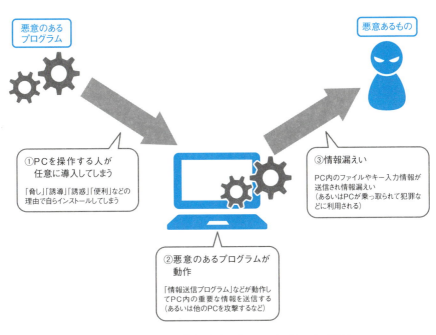

図1-6：マルウェアは自ら受け入れているパターンが多い

ワンポイントアドバイス

マルウェアに侵されるパターンのほとんどは、自ら悪意を受け入れたり、許可したりという日常的なPCの操作の中に潜む。ITリテラシーが低い人にはPC操作設定などに一定の制限をかけることも必要だ

Section 07 トラブル時こそ、悪意が実行される最適なタイミング！

　今、この本を読んでいるあなたは平常心です。しかし実際にセキュリティが侵されるという場面に出くわしたらどうなるでしょうか？
　マルウェアに侵されている状態では、PC内のデータファイルがリアルタイムでどんどん悪意あるものに送信されているかもしれません。あるいはPC内のデータが徐々に破壊されている真っ最中かもしれません。

> それは大変だ！
> すぐに対処しないと、取り返しのつかないことになります！

　そうです、この「すぐに対処しないと」と考えてしまうところがポイントです。「振り込め詐欺」「震災詐欺」などの多くは、「すぐに〜しないと」という心理を利用して金品をだまし取っているのです。
　「今すぐ100万円を振り込まないとクビになる」といった電話を受けた場合、電話先の声も違うし、そんなことをする人でもないし……と考える前に、100万円を振り込んでしまう人がいかに多いかという現実を直視してください。
　セキュリティも全く同様で、実はそもそもPCにマルウェアは存在しない（問題はない）状態なのに、「ウィルスに感染しているから早く対処を！」と煽られて、結果的に悪意に侵されるというパターンが非常に多いのです。

> でも実際に「マルウェアに侵されているからすぐに対応を！」といったメッセージを見たら、なるべく早く対応しなければまずいと思ってしまいますよね

　そもそも「マルウェアに侵されているから急いで！」などのメッセージは「偽装警告」で、よく見ればWindowsやマルウェア対策機能からのメッセージではありません（図1-7）。図はWindows 10のセキュリティシステムが破損していることを警告していますが、冷静に考えれば「〜秒後にファイル削除」などの警告を

マルウェア対策機能が搭載されているOSが自ら表示して別のプログラムの導入を誘導することなどありえません。ちなみに偽装警告に誘導されて指示に従うことは、自ら悪意を受け入れた（許可した）ことに等しく、結果PCがマルウェアに侵されることになります。

人はびっくりすると警戒心をなくしてしまいます。「～の確認はこちらをクリック」「～を対処するにはここをクリック」などの誘導に乗って、悪意あるプログラムを自ら導き入れてマルウェアに侵されてしまうのです。

各種問題や警告への対処については本書全般で解説していきますが、**一般的な詐欺と同様で「急がせる」「脅す」という要素が含まれている場合は「偽装」、あるいは「ウソ」である可能性を疑い、基本的には指示に従わないでください。**

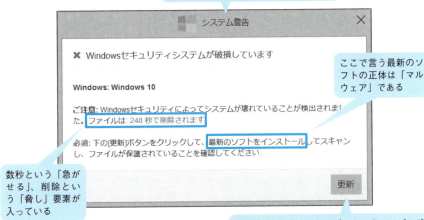

図1-7：偽装警告によるマルウェアへの誘導

ワンポイントアドバイス

悪意あるものは、問題がないものに対して問題があるように注意を促すことで、マルウェアプログラムを導入させようとする。だまされないためにもあらゆる警告やメッセージを「疑う」という姿勢が必要だ

Section 08 セキュリティ対策に必要な基本の6項目

　PCのセキュリティ対策はPC単体だけではなく、ネットワークやWebサービスなども含めた総合的な観点が必要です。具体的には、①「マルウェア総合対策」②「プログラムの脆弱性対策」③「サポート終了アイテムの排除」④「パスワードの管理」⑤「設定の確認と管理」⑥「悪意への誘導対策」の6つになります（図1-8）。

①「マルウェア総合対策」はどのようにすればよいでしょうか？

　PCのアンチウィルス機能やファイアウォール機能がきちんと有効になっているかを確認した上で、マルウェア対策機能を最新版に更新したり、定期的に手動で「マルウェアの検知と駆除」を実行したりするようにします（4章06項）。

②「プログラムの脆弱性対策」ですが、この脆弱性ってなんですか？

　脆弱性（ぜいじゃくせい）とは、プログラム（OSやアプリも含む）の不具合や設計上のミス、あるいは想定外の利用により悪意が実行できるセキュリティ上の欠陥のことを言います。
　プログラムの脆弱性には、OSやアプリのアップデートで対策します（OSについては3章03項、アプリについては3章09項）。

③「サポート終了アイテムの排除」とは？？全然意味がわかりません

　メーカーがサポートを終了したOS・アプリ・ネットワーク機器は脆弱性対策が

できないので利用してはならず、ビジネス環境からの排除が必要になります。特にOSはサポートが終了すると根本的なセキュリティ対策が不可能になるため、**必ずサポート期間内のOS（Windows 10など）を利用しなければなりません**（2章05項、2章06項）。

　また、OSに導入するアプリ（Officeなど）もサポート期間内である必要があり、ネットワーク機器もファームウェアアップデートが継続されているモデルである必要があります（6章04項）。

④「パスワードの管理」は、要はパスワードを複雑にすればよいのですよね

　それも必要なのですが、「**パスワードを人前で入力しない**」「**ワンタイムパスワードや二段階認証を利用する**」**などの総合的な管理も必要**です（Windowsサインインパスワードのセキュリティは4章03項、Webサービスを安全に利用するためのアカウント管理は5章11項）。

　またビジネス環境のネットワークで業務を安全に運用するために、ローカルエリアネットワークに部外者の人やデバイスを参加させないという対策が必要になりますが、この際重要になるのが接続パスワードの管理です。従業員には教えずに、ネットワーク管理者だけがパスワードを必要な場面で入力することが好ましくなります（6章09項）。

⑤「設定の確認と管理」とは、PCに対するものでしょうか？

　PCのみならずネットワーク機器も対象となります。悪意あるものの攻撃を受け入れない設定になっているかを確認することが重要です（例えばPCのリモート設定を有効にしない、ルーターのポートマッピングを有効にしないなど）。

　また、設定そのものを管理するために、**ITリテラシーが低い人には設定の許可を与えないという管理も必要**になります（3章11項）。

⑥「悪意への誘導対策」とは、具体的にはどのようなことでしょうか？

インターネットを利用している限り、悪意は随所に存在します。悪意に誘導されないためには悪意の手口を知って対策する必要がある他、ビジネス環境であることを考えても**業務に不要なサイトにアクセスしない**という従業員への周知も必要になります（5章01項）。

マルウェア総合対策
悪意あるプログラムやコードの侵入を防ぎ、マルウェアの検知・駆除、通信のブロックを行う

プログラムの脆弱性対策
OSやアプリの脆弱性（セキュリティ的な欠陥）を突かれる攻撃を防ぐ

サポート終了アイテムの排除
サポートが終了した製品は脆弱性対策が行えないため利用を中止し、サポート期間内の製品のみを利用する

パスワードの管理
パスワードそのものを破られないための複雑化やパスワードを漏えいさせないための管理や工夫を行う

設定の確認と管理
PCやネットワークにおいて正しい設定が行われていることを確認、また不要なものに各種設定を許さない制限管理をする

悪意への誘導対策
悪意がある場所に足を踏み入れず、偽装警告などに惑わされない

図1-8：セキュリティ対策に必要な基本の6項目

ワンポイントアドバイス

ビジネス環境のセキュリティ対策は、PC上の設定だけに着目するのではなく、ネットワーク全般を俯瞰で捉えて、パスワード管理やITリテラシーが低い人への対策などにも着目しよう

Section 09 全方位対策が求められるビジネス環境のセキュリティ

　マルウェア対策やプログラムに対する脆弱性対策だけが、ビジネス環境に求められるセキュリティ対策ではありません。無線LANアクセスポイントを設置しているのであれば、安全にWi-Fi接続を行うために暗号化などの基本通信設定を施す他、必要に応じて「Wi-Fi接続パスワード管理」「ネットワーク分離」などの管理も工夫します（6章全般）。

　また、**PCが1台故障しても滞りなく業務が進行できるトラブルに強い環境づくりもセキュリティ対策の1つ**と言えます。なぜなら、PCにマルウェアの存在が疑われるような事態が起こった場合、最も有効な手段はネットワークからPCを切り離すことだからです。

ネットワークからPCを切り離すことに、どのような効果があるのでしょう？

　マルウェアに侵されると「踏み台」であれば他のPCに攻撃を行い、「キーロガー」であれば入力情報を送信します。これらはインターネット経由で行われる悪意です。また、マルウェアに侵された場合には「バックドア」と言われるOSに攻撃者が入りやすいように勝手口をつくっている可能性があり、インターネットに接続し続けることで、さらなる悪意のあるプログラムが仕込まれる可能性さえあります。

　このように悪意の全般はインターネット経由で行われることが多いため、**マルウェアに侵された疑いがあるPCは「ネットワークから切り離す」ことが正しい対策になるのです**（図1-9-1）。

でも、PCをネットワークから切り離すと仕事ができません

PC内にデータファイルを保存している限り、マルウェアに侵された以外の要因、例えばPCの動作が不安定である場合でも、該当PC内に保存された業務データにアクセスできないという業務不全が起こりえます。

　PC動作に問題が起こった際、ハードウェアトラブルではないことを確認した上で（2章07項）、ソフトウェア的な要因として「OSの不具合なのか」「自身が導入したプログラムの相性なのか」「マルウェアに侵されたことによるものなのか」などを探ることになりますが、この判断はITリテラシーが高い人であってもなかなか難しいものです。

　トラブルの要因は何であれ、ビジネス環境では業務データにアクセスできなくなる事態は避けなければならないので、**PCに何があってもデータファイルが保全され、PCに問題が起こっても業務進行を続けられる環境**を構築しておく必要があるのです。

PCに問題が起こっても業務進行できる環境とは、どのような環境でしょうか？

　ファイルサーバーの構築が好ましい環境になります（7章全般）。ファイルサーバーの設置はビジネス環境任意ですが、ファイルサーバーにデータファイルを一元化しておけば、各PC（クライアント）ではデータファイルを保持せずに済みます。

　仮にPCにトラブルが起こった場合でも、データファイルの存在を気にせず、すぐにPCのリセット（初期化）やリカバリを行うことが可能なので、確実にマルウェアに侵されていないクリーンな環境を確保できるのです（3章14項、3章15項）。

　また新規PCの導入や既存PCの入れ替えも容易に行うことができます（図1-9-2）。

　ファイルサーバーは運用上マルウェアに侵されにくく（マルウェアに侵される場面がほぼない）、バックアップが一元化できるなどのメリットもあるため、総合環境的なセキュリティ対策としても効果が高いのも特徴です。

図1-9-1：PCがマルウェアに侵されたら切り離す

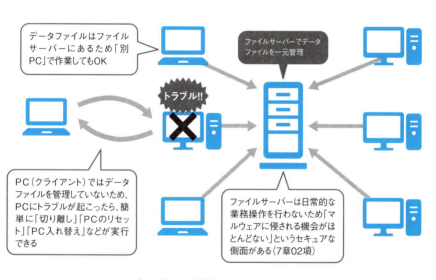

図1-9-2：全方位への対策ができるファイルサーバー

ワンポイントアドバイス

PCがマルウェアに侵されないことだけを考えるのではなく、侵された場合の対策もあらかじめ講じておく。全方位対策でビジネス環境のPCやネットワークの安全性を確保しよう

コラム 目的の設定にスムーズにアクセスする

セキュリティ対策ではPC上での各種設定が必要になります。設定を行うにあたって、Windows 10には［⚙（設定）］と［コントロールパネル］が用意されています。

またWindows 10は新しいバージョンが登場すると設定操作が変更されることがありますが、そんなときに役立つ設定の検索方法です。

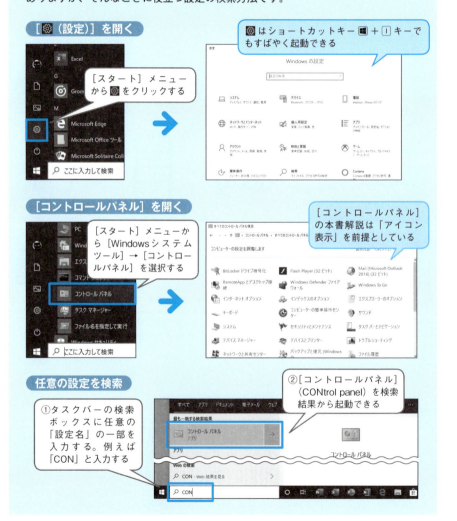

第1部 | 基礎知識編

セキュリティ担当者として
知っておくべきこと

Chapter
2

Section 01　ネットワーク上にも住所がある

　インターネットやネットワークにおいてどのように通信が行われているかを理解しておくと、セキュリティ対策のあらゆる場面で役立ちます。ちなみに技術者向けの難しいネットワーク理論はここでは必要としないので、ごく簡単な基礎知識に絞って解説を進めます。

　セキュリティ対策においてはまず、IPアドレスというキーワードを理解してください。

IPアドレスとは、なんでしょうか？

　IPアドレスとは、簡単にいってしまえばネットワーク上の「住所」のことです（図2-1）。IPアドレス（IPv4）は、「xxx.xxx.xxx.xxx」というかたちで表現されます。

　「xxx」には0〜255（16×16＝256とおり）までの数値が利用できますので、「0.0.0.0」〜「255.255.255.255」の約43億とおりあることになります。

　IPアドレスはネットワーク機器に対してそれぞれ固有の値が割り当てられ（つまりバッティングしません）、またネットワーク上では必ずIPアドレスを指定して通信を行います。

ドメインという言葉も聞いたことがあるのですが、
IPアドレスとは別のものなのでしょうか？

　WebサイトやWebサービスにアクセスする際にアドレスとして指定するドメインですが、実はこのドメインもIPアドレスを置き換えたもので、内部的にはIPアドレスを住所としてアクセスしています。

　Webサイトやクラウドへのアクセスのみならず、オフィス内のPC間の通信に

おいてもIPアドレスを指定して通信が行われています。

なるほど、IPアドレスとは
ネットワーク通信の住所なのですね

　インターネットの世界（インターネット通信網）はワイドエリアネットワーク（グローバルエリアネットワーク）と言い、オフィス内のネットワークはローカルエリアネットワークと言います。
　ワイドエリアネットワークには「グローバルIPアドレス」、ローカルエリアネットワークには「プライベートIPアドレス」という、それぞれ別の範囲のIPアドレスが割り当てられています（2章02項）。
　また、ネットワークにおいてサービスを提供する側を「サーバー」、サーバーにアクセスしてサービスを受ける側を「クライアント」と呼びます。

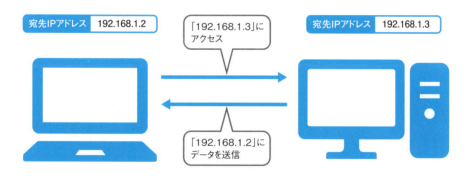

図2-1：IPアドレスはネットワークの住所

ワンポイントアドバイス

ネットワークおいてIPアドレスが「住所」であり、アドレス指定でドメインやコンピューター名などを指定している場合でも、内部的にはIPアドレスを指定して通信が行われている

Chapter 2　セキュリティ担当者として知っておくべきこと　037

Section 02 PCやネットワーク機器に欠かせないIPアドレス

　オフィス内のネットワークであるローカルエリアでは、各ネットワーク機器（PC・NAS：Network Attached Storage・ネットワークプリンターなど）に**必ず固有のプライベートIPアドレスが割り当てられています**。この割り当ては、基本的にルーターのDHCP（Dynamic Host Configuration Protocol）機能で行われます。

　プライベートIPアドレスの割り当て範囲は以下のようになり、この範囲以外はグローバルIPアドレスの割り当てになります（IPv4の場合）。

プライベートIPアドレスの範囲

10.0.0.0～10.255.255.255
172.16.0.0～172.31.255.255
192.168.0.0～192.168.255.255

オフィス内のPCとPCの間で通信をするときも、IPアドレスを指定しなければならないのでしょうか？

　一般的にコンピューター名（PC名）を指定して通信を行います（内部的にはIPアドレスに置き換えて通信を行っています）。なお、ルーターやNASの設定コンソールにアクセスする際などはIPアドレスを直接指定することもあります。

　セキュリティとして知っておきたいのは、インターネットの世界であるワイドエリアネットワークではグローバルIPアドレスを指定して相互に通信を行う必要があるため、**各PCに割り当てられているプライベートIPアドレスでは直接通信を行えないという特性がある**ことです（図2-2）。

> プライベートIPアドレスとグローバルIPアドレスが
> 直接通信できないことは問題にはならないのですか？

　プライベートIPアドレスとグローバルIPアドレス間の通信はルーターのNAT（Network Address Translation）機能でアドレス変換を行うことで実現しています。このアドレス変換機能は外部からの攻撃に対してセキュリティが高いのも特徴です（2章03項）。

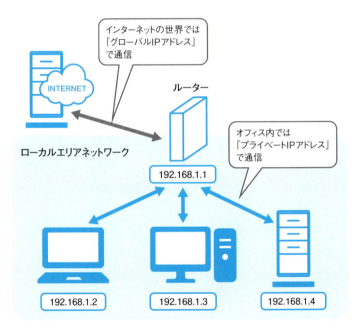

図2-2：グローバルIPアドレスとプライベートIPアドレス

ワンポイントアドバイス

インターネットの世界ではグローバルIPアドレスを指定して通信を行うが、ルーター配下のPCはプライベートIPアドレスが割り当てられることによって通信が行われている

Section 03

インターネット回線を複数PCで利用可能にするルーター

　オフィス内のPC（ローカルエリア内のプライベートIPアドレス）はインターネット上にある各種Webサービスを管理するWebサーバー（ワイドエリア内のグローバルIPアドレス）にリクエストしてデータを送受信します。この際、本来はプライベートIPアドレスとグローバルIPアドレス間では通信できませんが、アドレス変換によって通信を実現しているのが、ルーターのNAT（Network Address Translation）機能になります（図2-3）。

そもそもですが、ルーターってなんですか？

　ルーターは1つしかないインターネット回線を、複数のPCにおいて滞りなくインターネット接続を可能にするものです。インターネット回線の契約を結び、複数のPCでインターネットが利用できている環境であれば、必ずルーターが存在します。
　ルーターの主な役割にはNATの他、DHCP（Dynamic Host Configuration Protocol）機能でローカルエリアネットワーク上のPCやネットワーク機器にプライベートIPアドレスを発行する役割も担っています（図2-3）。

ルーターがあると、セキュリティ上でも有効なのでしょうか？

　理論的にはインターネット上からルーター配下にあるPCを直接指定してアクセスすることはできないので、インターネットに直接接続しているPCよりも安全と言えます。
　オートロックつきのマンションをイメージしてもらうとわかりやすいのですが、住人は外へ簡単に出られますが外部からのアクセスは許可しない限り入るこ

とができません。

　ただし、**一度マルウェアを受け入れてPCが侵されてしまえばこの限りではありません**。マルウェアプログラムにより内部から外部に向けてデータを送信（情報漏えい、キーロガーなど）を行ったり、リモートによる踏み台、あるいはバックドアでさらなるマルウェアプログラムを仕込んだりといったことが可能になります。

　この他、ルーターで「ポートマッピング」などの設定を行えば、外部から通信を受け入れることが可能になりPCに直接アクセスが可能になる他、ルーター本体に脆弱性があるとローカルエリアネットワークそのものの安全性も脅かされます。

　よって、ビジネス環境ではPCのセキュリティ対策だけではなく、ネットワーク全般のセキュリティ対策も必要になります。特に**ルーターの設定確認と管理は、セキュリティ対策として必須**と考えてください（6章02項）。

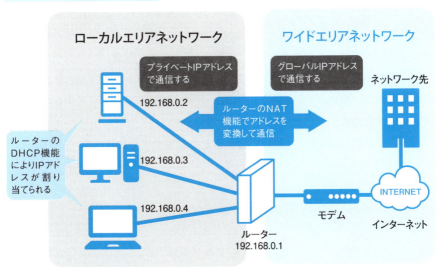

図2-3：NATによるアドレス変換とDHCPによるIPアドレスの割り当て

ワンポイントアドバイス

ルーターは各PCにプライベートIPアドレスを割り当てる他、アドレス変換でローカルエリアネットワークとワイドエリアネットワーク間の通信を可能にしている。ルーターの役割は重要であるため設定を確認して管理する必要がある

Section 04　OSはPC全体の制御を担う

　私たちは業務でWindows PCを利用しますが、WindowsはOS（オペレーティングシステム）の一種です。OSの基本的な構造を知っておくと、セキュリティの理解に役立ちます。

OSは具体的に何をしているのですか？

　OSはPCのハードウェア（CPU、メモリ、USBポート、ネットワークアダプターなど）の管理と制御、ストレージのファイル管理、ネットワークの接続の管理などの他、アプリを動作させるインフラ（下部構造・基盤）でもあります。

　ちなみに、Windowsのデスクトップアプリはサンドボックス（システムに影響を与えられない構造、3章17項）ではないため、プログラムがシステムに影響を与えられる点に注意が必要です（3章06項）。

　このような**OSの構造は「層」**で捉えるとわかりやすくなります（図2-4）。

セキュリティを考える上で、
OSについては何を注意すべきでしょうか？

　OSもデバイスドライバーもアプリもプログラムです。このプログラムに脆弱性があるとセキュリティリスクを抱えていることになり、悪意を持つプログラムが入り込めば踏み台や情報漏えいなどの被害が発生してしまいます。

　OSの脆弱性に対応するためには、Windows Updateでセキュリティアップデートを行う必要があります。またハードウェア（PCパーツ）に脆弱性が存在する場合にはファームウェアアップデートやデバイスドライバーのアップデートが必要になります（Windows Updateにこれらの脆弱性対策が含まれる場合もあります）。

アプリの脆弱性対策については個々のアプリにおけるアップデート（セキュリティアップデート）が必要になります（3章09項）。
　なお、先に示したようにWindowsのデスクトップアプリはシステムに影響を与えられる構造であるため、アプリの導入にはリスクがあることを踏まえても（アプリがマルウェア本体の可能性がある）、**ビジネス環境では業務で利用するアプリ以外はインストールしない**ことを基本にしてください。

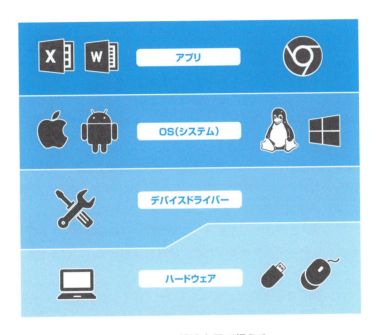

図2-4：OS構造を層で捉える

ワンポイントアドバイス

OSはハードウェアの違いを埋めて同じサービスを提供する他、アプリ動作の土台となるシステム。セキュリティ的に最重要な場所なので、アップデートによる脆弱性対策は欠かさないようにしよう

Section 05 OSやアプリ、デバイスにもサポート期間がある

　OS・アプリ・デバイス（ネットワーク機器など）は**セキュリティ対策として「サポート期間内の製品を利用する」ことが必須条件**になります。
　これはサポート期間が終了した製品は、脆弱性対策などのセキュリティアップデートが行われないからです。

> サポート期間が終了した製品とは、具体的にはどのようなものでしょうか？

　簡単に言ってしまえば、メーカーが不具合の修正やセキュリティのためのアップデートを行わなくなった製品です。
　Windowsであれば「Windows XP」「Windows Vista」など、Officeであれば「Office 2007」などがサポート期間が終了した製品になります。ちなみに「Windows 7」「Office 2010」も2020年にサポート期間が終了します。
　詳しくは表2-5-1と表2-5-2を参照してください。**延長サポート終了日を迎えた製品はセキュリティリスクがあるため、絶対に利用してはいけません。**

> まだ使えるなら、もったいない気もします。サポート期間が終了した製品は、やはり利用してはダメですか？

　絶対に利用してはいけません。単に利用しているだけでマルウェアに侵される可能性がある他、該当OSやアプリ以外にも悪影響を及ぼす可能性があります。
　OSやOfficeに限らず、他のアプリやネットワーク機器全般（無線LANルーター、NASなど）についても同様で、サポートが終了した製品やメーカーがセキュリティアップデートを積極的に行わない製品（輸入代理だけして放置しているネットワーク機器など）もセキュリティリスクがあるため利用してはいけません。
　ビジネス環境では、ソフトウェア・ハードウェアともに脆弱性対策が必要なの

で「しっかりとサポートを行う信頼性の高いメーカーの製品を選ぶ」ことがセキュリティ対策の大前提になります。

表2-5-1：Windows OSのサポート期限

OS	メインストリームサポート終了日	延長サポート終了日
Windows 8.1	2018年1月9日	2023年1月10日
Windows 8	Windows 8.1へのアップグレードが必須	
Windows 7	2015年1月13日	2020年1月14日
Windows Vista	2012年4月10日	2017年4月11日
Windows XP	2009年4月14日	2014年4月8日

表2-5-2：Officeのサポート期限

Office	メインストリームサポートの終了日	延長サポートの終了日
Office 2016	2020年10月13日	2025年10月14日
Office 2013	2018年4月10日	2023年4月11日
Office 2010	2015年10月13日	2020年10月13日
Office 2007	2012年10月9日	2017年10月10日

ワンポイントアドバイス

セキュリティ対策を行う上でOSやアプリ、ネットワーク機器が「サポート期間内」であることは必須条件。なお、サポート期間が終了した製品は、有料延長サポートなどを受けない限り利用してはならない

Section 06

Windows 10はバージョン更新で永続的なサポートが受けられる

　Windowsの歴史について簡単に説明すると、Windows 7の後継OSはWindows 8と8.1で、Windows 8.1の後継OSはWindows 10でした。
　では、Windows 10の後継OSは何か知っていますか？

Windows 11……でしょうか？

　意地悪な質問をしてしまいました。Windows 10の後継OSはWindows 10の新しいバージョンになります。
　これまではWindows 7の次がWindows 8というかたちで、新機能が搭載されたOSを手に入れるにはお金を払って購入しなければならなかったのですが、**Windows 10では新機能が永続的に無償で供給**されます。

では、一度Windows 10にすればもうOSにお金がかからないということですね！

　ITの世界は以前約束したことを覆すことがあるのであくまでも本書執筆時点のお話ですが、Windows 10は永続的に機能アップグレードする（つまりWindows 11などは登場しない）ことになっています。
　もちろん**新機能だけではなく、セキュリティアップデートも供給され続けます。**

つまり、Windows 10のままでOSとしてのセキュリティ対策は、万全ということですね！

　そのとおりなのですが、1つだけ注意してほしいのはWindows 10には「Windows 10のバージョン」というものがあり、該当バージョンの提供日（リリース日）か

ら18か月間がサポート期間になります。

Windows 10ファーストリリース（RTM、1507）は2015年7月29日、Windows 10バージョン1511は2015年11月10日にリリースされているので、18か月経過した現在ではすでにサポートが終了しており、セキュリティアップデートも行われていません（表2-6）。

Windows 10のバージョンのアップグレードは「Windows Update」で行われるため、**定期的にWindows Updateで更新プログラムを入手する必要があります。**

なお、現在のWindows 10のエディションやバージョンを確認したい場合には「システムのバージョン情報」を確認します（2章P60コラム）。

表2-6：Windows 10のバージョン提供日とサポート終了日

Windows 10の バージョン	提供日	Home／Pro サポート終了日	Enterprise／ Education サポート終了日
Windows 10バージョン1809	2018年11月13日	2020年5月12日	2021年5月11日
Windows 10バージョン1803	2018年4月30日	2019年11月12日	2020年11月10日
Windows 10バージョン1709	2017年10月17日	2019年4月9日	2020年4月14日
Windows 10バージョン1703	2017年4月5日	2018年10月9日	2019年10月8日
Windows 10バージョン1607	2016年8月2日	2018年4月10日	2019年4月9日
Windows 10バージョン1511	2015年11月10日	2017年10月10日	2017年10月10日
Windows 10バージョン1507	2015年7月29日	2017年5月9日	2017年5月9日

ワンポイントアドバイス

Windows 10は同じタイトルのまま永続的に新機能が提供され、またセキュリティアップデートも行われる。つまりWindows 10であれば将来的なOSコストがかからないため、ビジネス環境に最適なOSと言える

Section 07 PC本体の基本構造とハードウェアの正常性の確認

　PC本体（ハードウェア）の基本構成や基本構造を知っておくと、セキュリティ対策における様々な場面で役立ちます。

PC本体のハードウェアとセキュリティ対策になんの関係があるのでしょうか？

　例えばPCの動きがおかしくなった場合、セキュリティ的な問題（例：マルウェアに侵されている）、ハードウェアトラブル（例：PC本体やストレージ故障）、ソフトウェア的な要因（例：アプリの不具合や相性、OSのトラブル）などが考えられます。

　トラブルの原因の見極めができないと、マルウェアの可能性を排除できない（他のトラブルが要因であるかわからない）というリスクと不安を負うことになります。

　しかし、PCを構成するハードウェア（PCパーツ）の役割を知っておけば、**トラブル時に「ハードウェア的な要因であるか否か」を見極めて対処することができる**のです。知識として必要なのは、PCにおけるごく基本的なパーツ構成と役割なので難しくありません。

なるほど！　では各PCパーツの役割を教えてください

　PCを構成する主なパーツはCPU、メモリ、マザーボード、ストレージです。

　CPUは演算処理を行い、メモリはプログラムの作業領域です。マザーボードはUSBポートやネットワークアダプターなどの接続端子を備え、CPUやメモリを接続する土台になります。

　ストレージにはハードディスク（HDD）とSSDがあり、システムファイルやデータファイルの読み書きを行います。

> PCの各パーツが正常に機能しているかどうかは、どのように確かめればよいでしょうか？

CPUやメモリの正常性は「Windowsメモリ診断」で確認できます。[コントロールパネル] → [管理ツール] → [Windowsメモリ診断] から [今すぐ再起動して問題の有無を確認する] をクリックします。再起動後、「Windowsメモリ診断」による**メモリ**と**CPU**に**負荷をかけたストレステスト**が行われ、このテストをクリアできれば**CPU**と**メモリ**には**問題がない**ことになります。

作業中にファイルの読み書きが遅い、動作がおかしいなどの場合にはストレージの故障が考えられ、「ドライブのエラーチェック」で確認できます（図2-7）。

また、PCが正常に動作したりしなかったり、一貫性がなく不規則に問題が出る場合には、電源ユニットの劣化が疑われます（特にデスクトップPCの場合）。

ちなみにどのパーツも熱に弱いという特性があるので、冷却ファンが正常動作していることも確認するとよいでしょう。

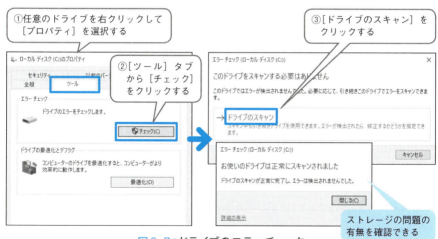

図2-7：ドライブのエラーチェック

ワンポイントアドバイス

> PCの挙動がおかしい場合にはマルウェアの可能性も考えられるが、それ以外にはハードウェアの故障（経年劣化）も考えられるので必要に応じて正常性をチェックするとよい

Section 08 新しいPCのほうがセキュリティに強い

　PCスペックとしては、数年前に発売されたハードウェアでもWindows 10のシステム要件を満たしています（図2-8）。
　しかし、業務において日常作業が快適に利用できるPCを考えた場合、スペックに余裕が必要です。また、セキュリティ対策をしっかり行えるPCという意味では、**Windows 10があらかじめ搭載されたPCが理想**になります。

> 今使っているPCにはWindows 7が入っているのですが、このPCをWindows 10にアップグレードして使用してはいけないのでしょうか？

　Windows 7をWindows 10にアップグレードして利用しても構いませんが、Windows 7の環境を残したままWindows 10にアップグレードすると、以前の環境を引き継ぐという特性上、サポートが終了した脆弱性のあるアプリや悪意の含まれるプログラムが残存する可能性があります。そのため、環境がリセットされる「クリーンインストール」がセキュリティ的に推奨されます。
　その他の考えられるデメリットとしては、Windows 10の単体パッケージは（OSのみの購入）それなりに値段がすることと、経年利用したシステムストレージ（目安としては5年以上利用したHDD）をそのまま使い続けることはドライブ劣化によるデータクラッシュなどのリスクがあります。
　予算の制限や時間的な制約もあるため状況次第と言えますが、**トータルコストや手間を考えると、新しいPCに買い替えたほうが安く済むことがほとんど**です。加えて、ハードウェア的にもセキュアな構造となっています。

> 昔のPCと新しいPCのハードウェアを比較した場合、セキュリティ機能が違うのでしょうか？

出荷時の設定やハードウェア構成にもよりますが、例えばWindows 7時代のPCのファームウェアは「BIOS」と呼ばれるかなり古い設計のハードウェア制御プログラムなのに対して、最新のPCでは「UEFI」が採用されておりOS起動を安全に行うことができます（任意のコードを起動前に実行不能にする「セキュアブート機能」など）。

　またモバイルPCなどにおいては、TPM（Trusted Platform Module）チップがあらかじめ搭載され、TPMと紐づけたかたちでドライブ暗号化（BitLocker）が適用されているものであれば、システムドライブを抜き出されてもデータを読むことができないというセキュリティ対策が施されています。

　PC本体（PC内の各種制御を行うチップセット）に脆弱性などが発見された場合、**比較的最近発売されたPCであればファームウェアアップデートなどのセキュリティ対策が行われます**。つまり、古いPCより新しいPCのほうがセキュリティとしても安全性が高いため、予算や環境移行などの問題を解決できるのであればアップグレードするよりも新しいPCの購入が推奨されます。

Windows 10 インストールのシステム要件

これらは Windows 10 を PC にインストールするための基本要件です。これら要件にデバイスが合致しない場合、Windowsが得られず、あたらしい PC の購入を検討されるかもしれません。

プロセッサ	1 ギガヘルツ (Ghz) 以上のプロセッサまたは システム・オン・チップ(SoC)
RAM:	32 ビット版では 1 GB、64 ビット版では 2 GB
ハードドライブの空き領域:	32 ビット版 OS では 16 GB、64 ビット版 OS では 32 GB
グラフィックスカード:	DirectX 9 以上 (WDDM 1.0 ドライバー)
ディスプレイ:	800x600

Windows 10のシステム要件は「CPU：1GHz以上、RAM：1GB以上、HDDの空き領域16GB以上」など、結構前のPCでもシステム要件そのものは満たせる

しかし、Windows 10はストレージに対して負荷がかかりやすいOSなので「新世代CPU＋RAM 4G以上＋SSD環境」を満たすことが望ましい

図2-8：Windows 10インストールのシステム要件

ワンポイントアドバイス

Windows 10をあらかじめ搭載したPCは、新しいセキュリティ機能を搭載しているものが多く、環境もクリーンな状態からのスタートになるため安全。最終的には環境や予算次第だが、古すぎるPCは買い替えを強く推奨する

Section 09 | OSにあらかじめ標準搭載されているセキュリティ機能

　インターネットが現在のように完全に普及する（常時接続回線の一般化）以前のOSでは、ユーザーが任意にセキュリティ対策を行うことが基本でした。
　例えばWindows XP（ファーストリリース）には、ファイアウォール機能（アプリの通信を制御するセキュリティ機能、2章11項）が搭載されていませんでしたし（後にサービスパックで供給）、Windows 7にはスパイウェア対策機能のみでマルウェア対策機能は標準で搭載されていませんでした。
　しかし、現在の**Windows 10**では**マルウェア対策機能（一般的にアンチウィルスと呼ばれる機能）**や**ファイアウォール機能が標準搭載**されています（3章01項）。

ということは、市販のアンチウィルスソフトは導入しなくてよいのでしょうか？

　はい。いわゆる市販のセキュリティソフト（アンチウィルスソフト）を別途導入する必然性はなく、任意導入になります。本書で述べる、PCとネットワークを管理することによる総合的なセキュリティ対策をしっかり行えば、Windows 10に標準搭載されている「Windows Defender ウィルス対策」でマルウェア対策機能は必要十分です（PCで現在動作しているセキュリティプロバイダーの確認は3章02項）。
　むしろWindows Defenderは標準機能であるため、OSとの互換性問題が起こらずトラブルが少ない点においてはサードパーティ製のセキュリティソフトより優れているので（マルウェア対策機能は特性上システムに食い込んで動作するので相性問題が発生しやすい、図2-9）、安定性が重視されるビジネス環境では大きな強みになります。
　ただし、自らが進んで怪しい場所に立ち入らない（怪しいサイトを閲覧しない、自ら進んで悪意のプログラムの導入を許可しない）という基本姿勢を守れない従

業員がいる環境などでは、より厳格にセキュリティ警告を行う市販のセキュリティソフトの導入を検討する必要があります。

Web上で無料で提供されているアンチウィルスソフトも見かけますが、これらは使っても大丈夫なのでしょうか？

　Webサイトなどで無料提供されているセキュリティソフトの中には本体そのものがマルウェアプログラムであるものや、将来のサポートの不安（セキュリティ対策プログラムやデータベースが将来にわたって継続的かつ適切にアップデートされるか疑問）があるため、業務利用することはオススメできません。

　別途セキュリティソフトを導入するのであれば、**信頼性が高くサポートの継続が確かなメーカーの製品を選択する**ようにします。

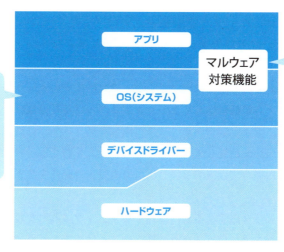

図2-9：セキュリティソフトとOS

ワンポイントアドバイス

Windows 10に標準搭載されているWindows Defenderでも必要十分だ。なお、環境任意で別途セキュリティソフトを導入するのであれば、メーカーの信頼性に注意を払おう

Section 10 マルウェア対策機能の役割と基本動作

　マルウェア対策機能（アンチウィルス機能）は、インターネット接続における通信や、ファイルの入出力（メールへの添付、Webサイト・SNS・チャットなどからのダウンロード、USBメモリなど）を監視して、マルウェアの検知・駆除を行います。

　この工程では**ウィルスデータベース（指名手配リスト）と照らし合わせて確認**する他、今までのマルウェアの特徴や特性を踏まえて悪意に該当すると判断できるプログラムの動作を防ぎます（図2-10）。

マルウェア対策機能があれば
安全かつ確実に安心ということですよね

　安全性にプラスであることは確かですが、絶対的に安心というわけではありません。マルウェア対策機能はあくまで、実生活における警備員のようなものだと考えてください。ウィルスデータベース（指名手配リスト）に従って侵入してくるもの（ファイル）を調査して悪意あるものの侵入を防ぐ他、今までの犯罪事例や犯罪者の特徴に従って該当する怪しいものの侵入や動作を防ぎます（ヒューリスティック検知）。

　ただし、このような**悪意あるものに対するチェックは漏れが起こることもあり**ます。刃物や鈍器を手に持っていれば怪しいことは誰でも認識できますが、隠し持たれていた場合には見逃してしまう可能性があるのと同様です。

機械的に照らし合わせるわけですから、
悪意の発見を漏らすというのはおかしくありませんか？

　マルウェア対策機能のウィルス検知プログラムやウィルスデータベースが更新されるよりも前に、新しい悪意が侵入することも考えられますし、巧妙に偽装す

ることにより検知を通り抜けるものや、脆弱性などの別の要素とうまく組み合わせてマルウェアとして猛威を振るうものなどもあります。

このようなマルウェアの特性を踏まえても、日々マルウェア対策機能の精度を上げるための「ウィルス検知プログラムとウィルスデータベースの更新」を心がけてください（4章07項）。また、**更新前にすり抜けた可能性も考えて「定期的に手動でウィルススキャンを実行する」**ことが推奨されます（4章06項）。

マルウェア対策機能は悪意あるものの侵入や動作を防ぐ一定の効果はありますが、完ぺきに悪意を防げるわけではありません。

マルウェアを受け入れてしまう要因の多くは、安全性が確認できないアプリの導入やWebサイトにおける悪意の誘導に乗ってしまうなどの私たちの能動的な操作にあります。マルウェア対策機能任せのセキュリティ対策ではなく、自らがビジネスに必要なもの以外は受け入れない、許可しないという姿勢が必要なのです。

図2-10：ウィルスデータベースによるマルウェアのチェック

ワンポイントアドバイス

マルウェア対策機能は悪意のあるファイルや通信の検知を行い、可能であれば駆除を行う。しかし、悪意が常に進化している関係上完ぺきに防げるわけではないので、普段のPCオペレーティングにも注意を払う必要がある

Chapter 2　セキュリティ担当者として知っておくべきこと　055

Section **11**

ファイアウォールの役割と通信アプリ利用時の注意点

　PCの基本セキュリティとしてのファイアウォール機能についても学んでおきましょう。
　Windows 10におけるファイアウォール機能は初期状態で有効になっており、別途ソフトウェアを導入するなどの対応は必要ありません。

ファイアウォールという言葉は耳慣れないですが、どのような意味ですか？

　ファイアウォールとは火の壁、つまり防火壁を意味します。PCにおける**ファイアウォールは通信の壁を意味し、不必要な通信を許可しない仕組み**のことです。
　ファイアウォールの機能を簡単に説明すると「通信許可するアプリ（プログラム）の管理」と「通信ポートの管理」を行っています。
　初期設定では、Windows 10の動作と標準アプリ、Webブラウズなどの日常的な通信において必要な要素のみに通信許可が与えられています。

つまり、標準設定であればセキュリティ対策としてOKということですね

　注意しなければならないのは、新たに通信を行うアプリ（ネットワーク通信を行うプログラム）を利用したときです。
　私たちの業務では、ときに任意のアプリでネットワークアクセスを行いますが、対象が現在許可されていない通信ポートを利用する新しいプログラムであった場合には、ファイアウォール機能から見て許可してよいか判断できない未知のプログラムになるため「Windowsセキュリティの重要な警告」が表示され、通信許可してよいかの判断が求められます（図2-11）。

「警告」が出てきた場合は、どのようにすればよいでしょうか？

自身が安全なアプリで通信を実行しようとした際に「Windowsセキュリティの重要な警告」が表示された場合には、許可しないと該当アプリで通信ができないので［アクセスを許可する］をクリックしてください。

それ以外の場面で通信許可が求められた場合には［キャンセル］をクリックします。

端的に言ってしまえば、**業務で通信が必須なアプリを利用する場面以外で「警告」が表示された場合には、すべて拒否する必要があります。**

新たなアプリ・プログラムで通信を行おうとした際にはセキュリティ警告が表示される

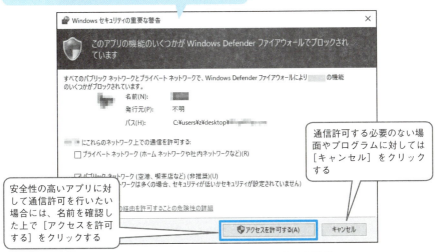

安全性の高いアプリに対して通信許可を行いたい場合には、名前を確認した上で［アクセスを許可する］をクリックする

通信許可する必要のない場面やプログラムに対しては［キャンセル］をクリックする

図2-11：Windowsセキュリティの重要な警告

ワンポイントアドバイス

ファイアウォール機能は不要な通信を遮断する機能。新たなアプリ（プログラム）が通信を行おうとした際は警告を発する。安全性が確認できないアプリや通信の必然性のない場面では通信を許可しないようにしよう

Section 12　ITの世界はクラウドサービスが大きな収入源になっている

　現在のIT業界ではクラウドが大きな収入源であることを知っておくと、セキュリティ対策を行う上で役立つことがあります。

> え？　それがなぜセキュリティに役立つのでしょうか？

　OSやWebブラウザの提供会社の行動原理がわかるからです。OSやWebブラウザの設定などを確認すると、多くの場面でクラウドサービスへの誘導が行われ、クラウドアカウントを作成して利用するように勧められます。これは、**OSにおいても各サービスにおいてもクラウドが大きな収入源**であるからです。

　実際にクラウドアカウント（Microsoftのサービスであれば「Microsoftアカウント」、Googleのサービスであれば「Googleアカウント」）を利用すれば、クラウドストレージでデータファイルを共有して「どの媒体でも」「どの場所でも」データファイルにアクセスすることができます（図2-12）。

　また、個人情報がクラウドサーバーで管理されるため、PC設定やWebサービスのパスワードなども様々なデバイスで共有することができます。

　これはPC外のクラウドに情報が保持できるから安全という言い方もできれば、クラウドという**私たちが管理・監督できないサーバーに個人情報やデータファイルを預けている**と捉えることもできます。

> いろいろなデバイスや場所でデータを共有できるということは、その分漏れる可能性も高まりますよね……

　そのとおりです。しかし、PC設定における「アカウント管理（3章13項）」「セキュリティ管理（3章01項）」「UWPアプリ管理（3章06項）」などの場面でクラウドへの誘導はしつこく表示されます。自社のビジネス環境に照らし合わせて

ユーザーアカウントをMicrosoftアカウントにする必然性がない場合には、**クラウドへの誘導を無視することが有効なセキュリティ対策**になります。

誤解してほしくないのは「クラウドを利用するな」という意味ではありません。例えばWindowsのサインインにおいて、ユーザーアカウントのサインインタイプをMicrosoftアカウント（各種クラウドに紐づけるクラウドアカウント）にせず、ローカルアカウント（個人情報をサーバーに送信しない）を用いても、個々のクラウドサービスを任意に利用することは可能です。

要は、業務進行にプラスになる個々のクラウドサービスを有効活用することは正しいのですが、ユーザーアカウント全般情報をクラウドに預けて管理する（ユーザーアカウントをMicrosoftアカウントにする）ことがベストかどうかはビジネス環境次第です。

構造を知らず、安易にクラウドに管理を委ねた場合、情報漏えいや退職者によるデータの持ち逃げなどが発生する可能性もあります。

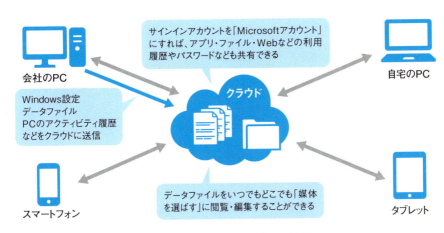

図2-12：クラウドサービスの特徴

ワンポイントアドバイス

クラウドは便利だが、各種情報をまとめて共有できてしまうことはビジネス環境によっては危険になる。各種設定時に表示される「クラウドへの誘導」には注意して、必然性のあるクラウドサービスのみ活用しよう

コラム Windows 10のバージョンやエディションを確認する

[⚙ (設定)] から [システム] を開き、[バージョン情報] を選択することで、現在PCで利用しているWindows 10の「バージョン」や「エディション」などのシステム情報を確認することができます。

また、ビジネス環境によってはセキュリティ対策として「Windows 10の上位エディション」が必要になる場面もありますが、[バージョン情報] から [プロダクトキーの変更またはWindowsのエディションをアップグレード] をクリックすれば、エディションをアップグレードすることもできます（有償）。

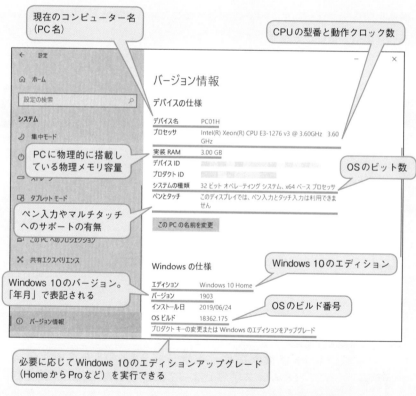

図2-0：Windows 10のバージョン・エディション確認

第2部 | 実務編

PCの設定と管理

Chapter 3

Section 01 ［設定の確認］
PCのセキュリティ状態を確認しよう

　PCの基本セキュリティ対策として、**まずはマルウェアに侵されない設定になっているかを確認**しましょう。通常はマルウェア対策機能（アンチウィルス機能、2章10項）とファイアウォール機能（2章11項）が有効になっている必要があります。

そのような設定になっているかどうかは、どのように確認すればよいでしょうか？

　［ （設定）］→［更新とセキュリティ］→［Windows セキュリティ］を選択して、［Windowsセキュリティを開く］をクリックすることで「セキュリティの概要」を確認できます（図3-1）。ここで各種セキュリティ項目が設定として有効でかつ、正常に動作しているかをチェックします。
　主項目としては「ウィルスの脅威と防止」と「ファイアウォールとネットワーク保護」が有効になっていれば、PCからみてセキュリティに問題のない状態です。

あれ、何か マークの警告が出ています!!

　驚かないでください。順を追って説明していきます。
　まず マークがついている場合には**適切な設定になっていない（必要な機能が有効ではない）危険な状態なので、設定を確認する必要があります**。詳細設定はセキュリティプロバイダー（セキュリティ機能を提供しているタイトル）によって異なりますが（3章02項）、多くの場合は「リアルタイム保護」などのマルウェア対策として必須の機能が有効になっていないために表示される警告なので、メッセージに従って必要な機能を有効にします。

⚠マークについては、オススメ機能が有効になっていないという意味です。メッセージに従って、自身のビジネス環境に必要か否かを判断してください。

では⚠マークでも問題がないでしょうか？

気になるようであれば不要であることを確認した上で、[無視]をクリックすれば⚠マークの警告を消すことができます。特にクラウドへの誘導（2章12項）である場合、必然性を感じなければ「無視」で構いません。

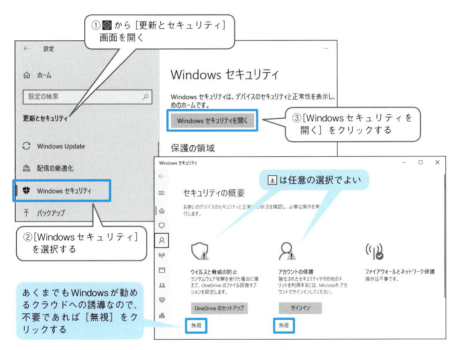

図3-1：PCのセキュリティ状態の確認

ワンポイントアドバイス

PCのセキュリティ状態は「セキュリティの概要」で確認できる。「ウィルスの脅威と防止」と「ファイアウォールとネットワーク保護」が有効になっていることを確認しよう

Chapter 3　PCの設定と管理　063

Section 02 ［設定の確認］
PCのセキュリティソフトを確認しよう

　PCで利用しているセキュリティプロバイダーの確認方法も知っておきましょう。Windows 10が標準状態の場合、「ウィルスの脅威と防止」として「Windows Defender ウィルス対策」が、「ファイアウォールとネットワーク保護」として「Windows ファイアウォール」が割り当てられています。
　ただし市販のセキュリティソフト（アンチウィルスソフト）を導入した場合にはこの限りではありません。

そう言えば、昔セキュリティソフトを入れたような……

　［セキュリティの概要］から［ 　（設定）］をクリックして、［セキュリティプロバイダー］欄にある［プロバイダーの管理］をクリックすることで確認できます（図3-2）。
　ちなみにセキュリティソフトを導入している状態では、Windows Defenderは無効になるため、セキュリティ関連の各種操作や設定はWindows 10での管理ではなくなる点に注意が必要です。

Windows 10の管理ではなくなる、とはどういう意味でしょうか？

　Windows 10標準の「Windows Defender ウィルス対策」であれば、ウィルス検知プログラムとウィルスデータベースは自動的に更新されますが、市販のセキュリティソフトの場合には該当アプリ内でのアップデート管理が必要です。
　また、市販のセキュリティソフトの多くはライセンスに有効期限があり（1年や3年など）、期限切れになると最新のマルウェア対策機能が取得できなくなってしまうため、有効期限内にライセンスの更新を行う必要があります（基本有料）。

そう考えると、やっぱり標準のWindows Defenderのほうがよいでしょうか？

　市販のセキュリティソフトは、PCの盗難対策機能や接続デバイスの管理機能、マルウェアの検知をより厳格に行う機能などを備えているため、ビジネス環境によっては有効な場合もあります。

　なお、**Windows 10はWindows Updateの機能更新プログラムによってシステム構造が変更されることがあるOS**です。Windows 10のバージョンの更新により機能や仕様の変更が行われた場合、市販のセキュリティソフトと相性が悪くなり、不具合が起こる可能性があるという点に留意します（Windows Updateにおける機能更新プログラムの適用を一定日数延期することを推奨します、3章05項）。

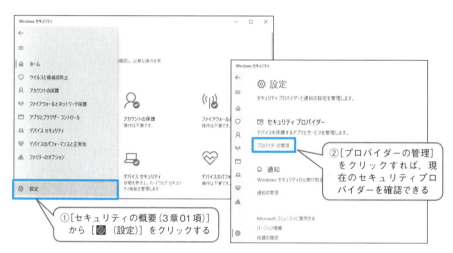

図3-2：セキュリティプロバイダーの確認

ワンポイントアドバイス

現在のマルウェア対策機能のタイトルは[セキュリティプロバイダー]で確認できる。市販のセキュリティソフトを利用している場合には、アップデート設定やライセンスの残り日数などを確認して適宜対応しよう

Section 03 [アップデート]
OSのアップデートで脆弱性対策をしよう

これまで脆弱性という言葉が何度か出てきましたが、意味は覚えていますか？

うっ。
脆くて弱さを抱えているということ……？

　復習すると**脆弱性とは、プログラムの不具合や設計上のミス、あるいは想定外の利用により悪意が実行できる欠陥**を指します。OSもプログラムの集合体なので、OSを構成するプログラムに脆弱性が存在すれば、悪意にそこを突かれマルウェアの侵入を許してしまう可能性があります。ちなみにOSはPCの基本システムでもあるので、脆弱性を放置すると致命的な被害が起こりえます。

OSの脆弱性対策は大切ですね。
どのように行えばよいでしょうか？

　OSのアップデートを行うことが基本対策となります。Windows 10を構成するプログラム（OS全体）のアップデートは、Windows Updateによって実行することができます。

　セキュリティ対策として、**Windows Updateによる各種プログラムのアップデートは必須**と考えてください。［ （設定）］→［更新とセキュリティ］→［Windows Update］でアップデートの状態や設定が確認できます（図3-3）。

Windows UpdateによるOSの更新は、
どのようにすればよいでしょうか？

　Windows Updateは基本的に自動更新機能が有効になっているため、インターネットに接続している環境であれば自動的に最新版への更新が行われます。また、

[更新プログラムのチェック]をクリックすれば任意に更新を実行することもできます。

　定期的なアップデートとしてはほぼ毎日「定義更新プログラム」が公開され、1か月に1回新しい「品質更新プログラム」の公開が行われます。PC処理の余裕や回線状況を踏まえて公開後数日間の内に自動的に更新プログラムがダウンロードされ、インストールが行われる仕組みになっています。

　ちなみに、Windows Updateの更新プログラムの適用はときに数時間を要することがあるため、業務時間内に再起動を行うと何十分もデスクトップが表示されずに業務作業が行えない事態もありうるので注意が必要です。この問題は、PCの電源管理を工夫することで回避することができます（4章08項）。

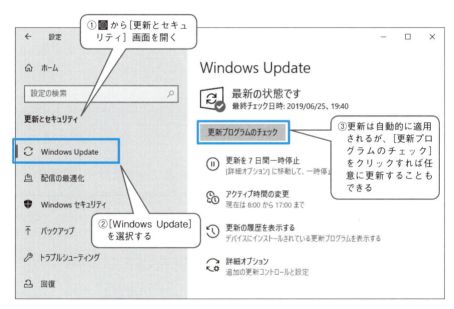

図3-3：Windows Updateによる脆弱性対策

ワンポイントアドバイス

脆弱性に対応するためにはOSに最新のセキュリティアップデートが適用されていることが望ましい。Windows 10は自動更新が適用されており、インターネット接続環境であれば更新プログラムが適用される

Section 04 ［アップデート］
更新プログラムにはいくつかの種類がある

　ビジネス環境でのセキュリティ対策を行う上で、知っておいたほうがよい事柄にWindows Updateにおける更新プログラムの種類があります。
　更新プログラムの種類には、「定義」「品質」「機能」「ドライバー」「その他」などが存在しますが、このうち下記の3つに着目します（図3-4）。

・定義更新プログラム
・品質更新プログラム
・機能更新プログラム

定義更新プログラムとはどのような役割なのでしょうか？

　これは、Windows 10標準の「Windows Defender ウィルス対策」を利用している場合における「ウィルスデータベース（ウィルス定義）の更新」および「マルウェア対策機能としてのプラットフォーム（ウィルス検知プログラム）」などが更新されます。
　いわゆるマルウェア対策機能の更新になり、PCを安全に運用するためにも必須のアップデートです。

品質更新プログラムはどうでしょうか？

　OSにおけるプログラム全般の不具合の修正を行います。更新の中には脆弱性対策などのプログラムに対するセキュリティアップデートも含まれます。

では機能更新プログラムは何をするのでしょうか?

新しい機能を追加するためにアップデートを行うプログラムです。Windows 10そのものに新機能が提供され、OSの操作や仕様も改定されることがあります。

ちなみにWindows Updateにおける更新の履歴は［Windows Update］内の（3章03項）［更新の履歴を表示する］で確認することができます。

これらの違いを知っておくことに意味があるのでしょうか?

ビジネス環境におけるPCのセキュリティと安全運用のバランスに大きく関係します。詳しくは3章05項で解説しますがPCのセキュリティを考えた場合、**定義更新プログラムは必須であり、品質更新プログラムも適用が望ましい**、という事実を知っておいてください。

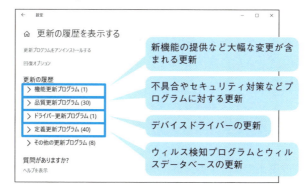

図3-4：Windows Updateにおける更新プログラムの種類

ワンポイントアドバイス

更新プログラムには種類が存在し、セキュリティ対策としてはマルウェア対策機能の強化を行う「定義更新プログラム」と脆弱性対策の「品質更新プログラム」の適用が必須だ

Section 05 [アップデート]
OSアップデートにはリスクがある

　書籍やWebサイトで「セキュリティや安全性を高めるために常にOSを最新版に更新しよう！」などといった解説がありますが、**ビジネス環境において「単にOSを最新版にアップデートすればよい」という考え方には、リスクがあります。**

　OSアップデート後に「PCが起動しない」「動作が不安定になる」「ファイルが消去される」「特定のアプリが動かなくなる」などの問題が過去に発生したことも実際の事例としてあるのです。

え？　OSアップデートでPCが起動しない？？
アプリが動かない？？？

　OSのアップデートはときに機能更新プログラムの適用によりシステムの仕様が変更されます。これはアプリ（プログラム）からみると、**OS間との取引ルールがいきなり変更されるようなもので、OSの新仕様に適用できないプログラムは動作不良を起こすことがある**のです。

いつも業務利用しているアプリが動かなくなったら
困ります

　デスクトップ上で動作する文書作成ソフト、表計算ソフト、画像編集ソフトなどはOSの更新の影響を受けにくくほぼ動作しますが（図3-5-1の①）、システムと密接に絡んで動作するシステムバックアップソフト、メンテナンスソフト、市販のセキュリティソフトなどはシステムに食い込んで動作する関係上、OSの更新によって動作が不安定になる可能性があります（図3-5-1の②）。また、デバイスを制御・エミュレーションする業務機材制御用の専用プログラム、仮想CDソフト、仮想マシンソフトなどは、デバイスドライバーの設計などにも関係するため、OSの更新による起動不能などの問題が起こりえます（図3-5-1の③）。

このようなOSとアプリとの関係性を知った上で、ビジネス環境に合わせて[Windows Updateの詳細オプション]を変更するとよいでしょう（図3-5-2）。

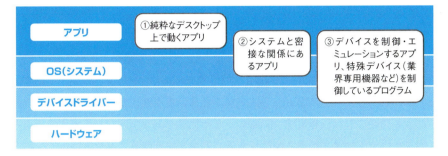

図3-5-1：アプリの種類によって異なる影響範囲

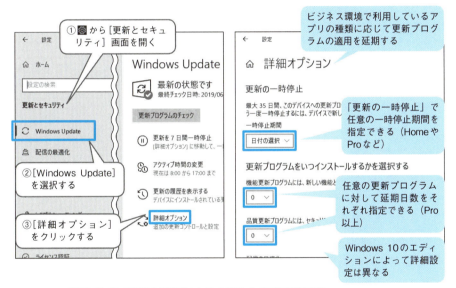

図3-5-2：更新の延期によるOS動作の安定性確保

ワンポイントアドバイス

Windows Updateによる更新プログラムの適用は、セキュリティ対策として必須である反面、PCや業務用アプリの安定性を損なうことがある。ビジネス環境によっては、任意に更新プログラムの適用を延期することも必要だ

Section 06 ［アプリ管理］
アプリ・プログラムの導入が最大のリスクになる

　文書作成や表計算ソフト、画像編集ソフトは、OS上で動作するソフトウェア、すなわちアプリ（アプリケーション）です。Windowsのデスクトップ上で動作するアプリのことを「デスクトップアプリ」と言いますが、サンドボックス（攻撃されても問題のない仮想環境）ではないため**デスクトップアプリを導入することは即マルウェアに侵される危険性がある**ことをまず認識してください。

デスクトップアプリとはつまり、なんのことでしょうか？

　Microsoft Storeで供給されるストアアプリは「UWPアプリ」とも呼ばれ、構造的にサンドボックスでの動作になるためシステムに影響を与えないほか、ストアでの審査もあるため全般的にセキュアであることが特徴です（3章10項）。

　一方デスクトップアプリは、Webサイトやメールの添付、USBメモリなど、どこからでも入手ができる上、審査もありません。プログラム動作として制限がないためシステムに影響を与えることが可能です（図3-6）。よって、セキュリティの脅威となる「踏み台」「ランサムウェア」などの甚大な被害を及ぼすことがプログラムとして可能になります。

　ちなみに、**Webサイトなどからダウンロードできるフリーウェアや無料ソフト、シェアウェア、あるいは市販パッケージソフトは基本的にすべて「デスクトップアプリ」**です。

フリーのソフトウェアの導入を
先輩からすすめられたのですが……

　かつてのビジネス環境では、フリーウェアなどの無料のデスクトップアプリを上手に活用して業務進行をスムーズに行うことがテクニックの1つでした。しか

し、現在のようなセキュリティを重んじる世界では、信頼性が確かではないアプリを導入することはマルウェアに侵される可能性があることに留意してください。

でも、業務上でどうしても必要なアプリがあるのですが……

基本的にビジネス環境に必要のないアプリは導入しない、というスタンスの上でどうしても業務に必要なアプリは導入しても構いません。

ただし、**信頼性があり将来もサポートが約束されているメーカーのアプリのみを導入することが、ビジネス環境に求められるセキュリティ対策**になります。

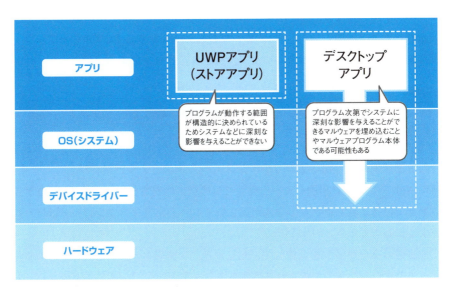

図3-6：デスクトップアプリはシステムを侵せる

ワンポイントアドバイス

PC（OS）のマルウェア対策機能を有効にしている状態において、最大のセキュリティリスクはデスクトップアプリ（プログラム）の導入にある。業務に必然性のないアプリの導入を控えよう

Section 07 ［アプリ管理］
アプリ・プログラム導入時に気をつけるべきこと

　アプリ（プログラム）の中でも、フリーウェアや無料ソフトにはマルウェアが含まれる可能性があるので、**安全性・信頼性が高いアプリのみを導入する**ことがセキュリティ対策の基本になります。

　任意にダウンロードしたアプリがマルウェアプログラムである可能性がある他、ユーザーをうまく誘導してマルウェアの導入を促すものもあります。

　例えば「便利ツールを無料提供」、「あなたは当選したのでiPadをプレゼント」、「PCがウィルスに感染しています、対策を！」などのメッセージから誘導されて、促されるまま［更新］［ダウンロード］などをクリックすると、マルウェアプログラムを導入することになりマルウェアに侵されてしまうのです。

怖いですね、どうやって気をつければよいですか？

　安全性が確認できないアプリをインストールするという行為を禁止にします。特にWebブラウザを利用している場面では悪意に誘導されやすいので、Webサイトを見ているときにアプリの導入が促されても、不用意なダウンロードは行わないようにしてください（5章04項、5章05項）。

　違法性の高いサイトを閲覧していたら別画面に誘導され、Windows 10の修復ツールのダウンロードを促される事例もあります（図3-7）。ここでダウンロードして**修復ツールなるプログラムを導入・実行してしまうと、実際はマルウェアプログラムであるためPCはマルウェアに瞬時に侵される**ことになります。

　また、メールのリンク先や添付ファイルなどにもマルウェアが含まれていることがあり、対象ファイルがプログラムファイルであった場合はマルウェアの可能性が極めて高いため絶対に開かないようにします。

　なお、該当ファイルがプログラムファイルか否かは、ファイルの拡張子で判断することができます（4章09項）。

> 万が一、怪しいプログラムファイルを開いてしまった場合にはどうなるのでしょうか？

　マルウェアプログラムであった場合、踏み台やランサムウェア、キーロガー、情報漏えいなど、様々な被害が起こる可能性があります。

　通常はファイルを入手した時点で、PCのマルウェア対策機能によってマルウェアか否かの判定が行われ、悪意である場合には駆除されるはずです。しかし、新しい構造のマルウェアや偽装されたもの、あるいは悪意があるとは断定できない構造（任意に導入するリモートプログラムなど）である場合、検知・駆除機能をくぐり抜けたマルウェアにPCが侵される可能性があります。

　またデスクトップアプリは、プログラムから新たなプログラムを自動的にダウンロードして実行させることも構造上可能であるため、当面安全なアプリでも将来的に絶対に問題が起こらないとは言えません。実際に、正常なデスクトップアプリが自動アップデートにより、マルウェアに豹変した例もあるのです。

　端的に言ってしまえば、**信頼性の低いデスクトップアプリ（海外ツールや作者不明のアプリ）を導入している限り、PCの絶対的な安全性は保証されません。**

図3-7：安全性が不明なアプリは絶対に導入しない

> **ワンポイントアドバイス**
>
>
> アプリの導入は任意に行うという自身の能動的な行動以外にも、誘導されて結果的にインストールしてしまうというパターンもある。誘導された場合のダウンロードは「マルウェアプログラム」の可能性がより高いので注意しよう

Section 08 ［アプリ管理］
アプリ・プログラム導入時に警告を表示しよう

　ビジネス環境では不明のアプリの導入を控えるべきで、特に**フリーウェアなどのデスクトップアプリは業務に必然性がない限り導入しないことが基本**です。
　デスクトップアプリはプログラム動作範囲の自由度があるため、多機能で便利なアプリも多数存在するのですが、PCに対して良くも悪くも大きな影響を与えることができてしまうためセキュリティリスクがあるのです。

実は、社内になんでもかんでもダウンロードして、作者不明のアプリを導入してしまう人がいます……

　いわゆるITリテラシーの低い人に対しては、**危険なアプリ導入などに対して警告を与える設定を適用**するとよいでしょう。Windows 10では「ユーザーアカウント制御の設定」および「アプリを入手する場所の選択」を環境に合わせて設定することをお勧めします。

「ユーザーアカウント制御の設定」はどのように指定すればよいでしょうか？

　ユーザーアカウント制御（UAC）は、［コントロールパネル］→［ユーザーアカウント］を選択して、［ユーザーアカウント制御設定の変更］をクリックすることで任意に通知レベルを変更することができます（図3-8-1）。
　通知レベルを［常に通知する］にすれば、システム変更時やアプリによるシステム変更時に画面が暗転した上で警告が表示されるため、危険なプログラムインストールなどに対して一定の抑止効果があります（なお、システム変更時に警告を出す仕組みであるため、アプリの自動アップデート時などにも警告が出ることがあります）。

「アプリを入手する場所の選択」はどのように設定すればよいですか？

　[アプリを入手する場所の選択]は、[⚙（設定）]→[アプリ]→[アプリと機能]と選択して、[アプリを入手する場所の選択]から任意に指定できます（図3-8-2）。「Microsoft Storeのみ（推奨）」あるいは「場所を選ばないが、Microsoft Store以外のアプリをインストールする前に警告を表示する」を選択することにより、**Microsoftが検証済みではないプログラムをインストールしようとした際に警告が表示されるため、ITリテラシーが低い人に対して効果的なセキュリティ対策になります。**

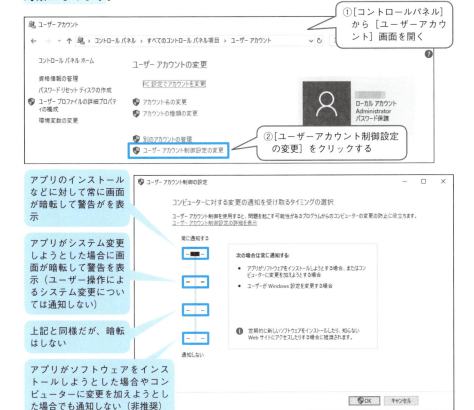

図3-8-1：ユーザーアカウント制御による警告設定

Chapter 3　PCの設定と管理　077

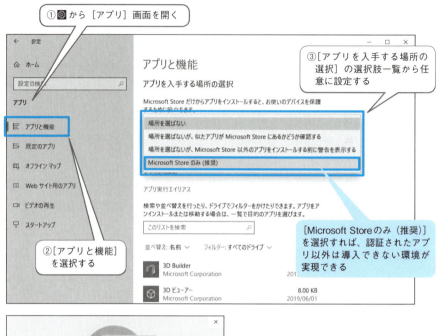

図3-8-2：デスクトップアプリ導入に対する警告設定

ワンポイントアドバイス

ビジネス環境によっては、システムに影響を与える操作や設定（マルウェアに侵される可能性がある操作設定）に対して、制限や警告を与える設定を適用しよう

Section 09 ［アプリ管理］
アプリが最新版かどうか確認しよう

アプリもプログラムであるため、OSと同様に脆弱性対策が必要です。

アプリの脆弱性に対しては該当アプリのセキュリティアップデートで対策しますが、**サポート期間内のアプリにしかセキュリティアップデートは行われません**（2章05項）。

サポートが終了したアプリが入っている場合には、どうすればよいでしょうか？

サポートが終了したということは脆弱性対策を行わないアプリ、つまりセキュリティとしてリスクがあるプログラムですから絶対に利用してはいけません。

サポートが終了したアプリは、**サポート期間内の最新アプリ（新しい同一アプリタイトル）にアップグレードする**ようにします（Office 2007をOffice 2019にアップグレードするなど）。また、業務上必然性がないアプリはOSからアンインストールを行います。

なお、業務上必然性があるアプリであるものの、メーカーが倒産するなどで最新版の同一タイトルのアプリが存在しない場合には、同じ処理機能を持つサポート期間内の別タイトルのアプリを探して導入を検討するとよいでしょう。

アプリのアップデートは具体的にどうすればよいのですか？

デスクトップアプリのアップデートには複数の方法があります。

自動更新に対応したアプリであれば、自動更新機能を有効にすることにより自動的にプログラムをダウンロードしてアップデートを行うことができます（多くの場合にはあらかじめ自動更新が有効になっています）。

また任意に手動でアップデートを行いたい場合には、デスクトップアプリの多

くは該当アプリの「ヘルプ」から「バージョン情報（～について）」などを選択することにより、現在「最新版であること」あるいは「アップデートの有無」を確認することができます（図3-9）。

　なお、**自動更新に対応しないデスクトップアプリについては、該当メーカーのWebサイトに定期的にアクセスして最新版の存在を確認する**必要があります。

　ちなみに、Microsoft Storeで入手したUWPアプリは（3章10項）、基本的にアプリごとではなく、Microsoft Storeの［ダウンロードと更新］で一括アップデートを行うことができます。

図3-9：デスクトップアプリの最新版の確認と脆弱性対策

ワンポイントアドバイス

アプリも脆弱性対策のためアップデートが必要。サポート期間内のアプリを利用することと、自動アップデートなどの設定を確認してアップデートを怠らないようにしよう

Section 10 [アプリ管理]
アプリはなるべく安全なストアで入手しよう

かつて、自由度がある高機能なデスクトップアプリは魅力的な存在でしたが、今やOSなどに影響を与えることができるプログラムであるデスクトップアプリの導入はセキュリテリスクがあるため推奨されない傾向にあります。

デスクトップアプリの中でも振る舞いがよいものは高機能でかつ比較的安全性が高いのですが（例えばデスクトップアプリ版Office）、システムに何らかの影響を及ぼしたり、システムが不安定になりうるというプログラム特性であることに変わりはありません。

よって、**ビジネス環境のPCにおいてデスクトップアプリの導入は最小限にすべきであり、積極的にUWPアプリを選択すべき**です。

UWPアプリとはなんでしょうか？

UWPはUniversal Windows Platformの略で、一般的にはストアアプリとも呼ばれます。サンドボックスで動作するためシステムが不正に操作されにくく、Microsoft Storeで審査されたアプリしか公開されない仕様なので**セキュリティを侵される可能性がほとんどないことが特徴**です（図3-10）。

UWPアプリはデスクトップアプリのように任意のインストール操作が必要ない他、アップデート処理もMicrosoft Storeが一括管理します。メモリ上の振る舞いもよいのでシステムを不安定にさせないという強みもあります。

では、Microsoft Storeでアプリを探してみます

Microsoft Storeで新しいアプリを入手するには「Microsoftアカウント」の利用が推奨されます。アプリのライセンスをMicrosoftアカウントに紐づけて管理

するため、別のPCからでもアプリを利用できます。

　なお、本書ではWindowsにサインインするアカウントとしてローカルアカウントを推奨していますが（3章13項）、ローカルアカウントでもMicrosoft StoreのみMicrosoftアカウントでログインするという方法で、問題なく有料UWPアプリも利用できます。

UWPアプリもMicrosoft Storeもメリットだらけですね。

　ですが、現在のところ**UWPアプリはアプリタイトル（種類）が少ない**というデメリットがあります。構造上デスクトップアプリより動作が制限されるため、UWPアプリでは実現しにくい機能もあるのです。

　セキュリティを考えると、なるべくUWPアプリの利用が好ましいのですが、**現実的にはデスクトップアプリとの併用が必要**になります。

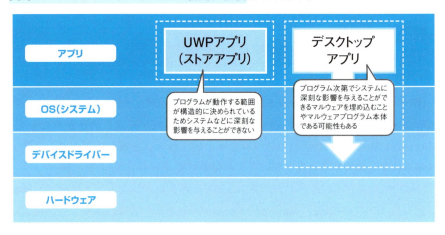

図3-10：UWPアプリの特徴

ワンポイントアドバイス

サンドボックスで動作するUWPアプリは、構造上深刻な悪意を実行することができないので、デスクトップアプリより安全性が高い。Microsoft Storeのみの配布であるため、アップデート管理等も簡単だ

Section 11 ［アカウント管理］
従業員が設定できる範囲を制限しよう

　PCにアプリを自由にインストールできたり、また自由にシステムを設定できたりすることは当たり前のように思えるかもしれませんが、これは個人用PCでの話です。

　ビジネス環境では最終的には任意選択になりますが、従業員の人数や各人のITリテラシー、アプリ環境やシステム設定の変更頻度などによっては、**ユーザーアカウントに管理者権限を与えずにシステム設定を制限するという管理**が妥当です。

　管理者権限を与えないことで、ITリテラシーが低い人が悪意のあるプログラムを導入してしまったり、マルウェア対策機能を無効にしてしまったりという問題全般を防ぐことができます。

　管理者権限とはどういう意味でしょうか？

　PCにサインインするユーザーアカウントの**アカウントの種類として「管理者」と「標準ユーザー」があります**（図3-11-1）。管理者は、PCシステムに影響を与える操作を含むすべての設定が可能な権限を持ちます。標準ユーザーはシステム設定やアプリ導入が制限され、システム全般に影響する操作の権限が与えられません。

　ちなみにPCの一括導入ではなく、PCを徐々に買い増していくスタイルであることが多い私たちのようなビジネス環境では、アカウントの種類として「管理者」が割り当てられたままPCを利用している状態が多く見受けられます。

　この状態は誰しもが管理者としてPCの全設定ができてしまうため、非常に危険な状態ともいえます。

　ITリテラシーが低い人に対して「標準ユーザー」を割り当ててシステム設定を制限することが必要です（図3-11-2）。あるいは、日常的に利用するユーザーアカウントにはすべて「標準ユーザー」を割り当て、必要に応じて管理者パスワー

Chapter 3　PCの設定と管理　083

ドを入力して管理者権限でシステム設定を行うという管理方法でもよいでしょう（3章12項）。

なお、柔軟な働き方が求められる中小企業においては、「標準ユーザー」を割り当てるという管理が向かない業務スタイルもあるため、最終的にはビジネス環境任意の選択と管理になります。

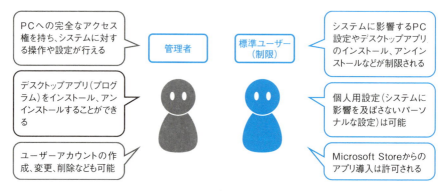

図3-11-1：アカウントの種類と特性

図3-11-2：アカウントの種類の変更

ワンポイントアドバイス

ユーザーアカウントの種類には「管理者」と「標準ユーザー」がある。標準ユーザーに対しては、システムに影響する操作や設定を制限できるため、環境によっては、ITリテラシーが低い人に割り当てると効果的だ

Section 12 ［アカウント管理］
ユーザーアカウントを使い分けて管理しよう

　Windowsはマルチアカウント対応OSなので、1台のPCで複数のユーザーアカウント管理が可能です。

　例えばユーザーアカウントとして「ユーザーA」と「ユーザーB」を作成した場合、「データフォルダー」や「資格情報やパスワード」などはそれぞれのユーザーアカウントで管理することができる他、互いに相手のユーザー情報を参照することはできないセキュリティ設定になっています。

　このような特性により、ビジネス環境では**ユーザーアカウントを使い分ける管理をすると飛躍的にセキュリティを高める**ことができます。

具体的には、どのようにセキュリティが高まるのでしょう？

　1つは「アカウントの種類（3章11項）」を使い分けられる点です。例えば「ユーザーA」に「管理者」を割り当ててPC管理者用として、「ユーザーB」に「標準ユーザー」を割り当てて従業員用とします。

　このように1台のPCでも複数のユーザーアカウントを使い分けることで、従業員による提供元不明なアプリのインストールやシステム設定の変更などをある程度防ぐことができ、またシステム操作が必要になった場合にはPC管理者が「ユーザーA」でサインインして管理すればよいというセキュアな環境が実現できます。

なるほど。他にはどのようなメリットがあるのでしょうか？

　ユーザーアカウントを使い分ける最大のメリットは、**Windowsにサインインするユーザーアカウントごとに資格情報やパスワードを保持できる**点にあります。

例えばネットワーク上に共有フォルダーが存在する場合、共有フォルダーへのアクセスには資格情報が必要になりますが、Windowsにサインインするユーザーアカウントを使い分けることで共有フォルダーへのアクセスの許可・不許可、またアクセスレベル（読み書き・読み込みのみ）などを可変させることが可能になります（図3-12）。

　その他、メール・SNS・チャットや、クラウドなどのWebサービスのアカウント情報もユーザーアカウントごとに使い分けができる点もメリットです。

　ユーザーアカウントごとに情報が保持できて各種サービスのアカウントを使い分けることができるため、**複数の従業員に1台ずつPCを割り当てられない環境、あるいは派遣社員やアルバイトなどにPC作業をしてもらう環境では、複数のユーザーアカウント管理はセキュリティ対策として有効**です。

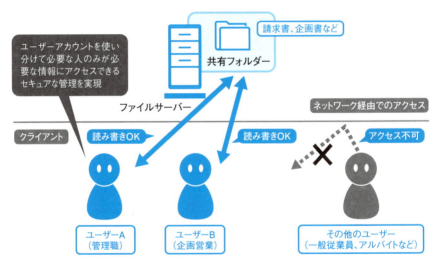

図3-12：ユーザーアカウントの使い分け

ワンポイントアドバイス

サインインするユーザーアカウントを立場ごと・個人ごとに作成して使い分けると、ネットワークアクセスや各種サービスをユーザーアカウントごとに分けて管理できるので、ビジネス環境によってはセキュリティ対策として有効だ

Section 13 [アカウント管理]
ローカルアカウントを基本とした管理をしよう

　Windowsではユーザーアカウントのサインインタイプとして「ローカルアカウント」と「Microsoftアカウント」が選択できます。Windows 10でユーザーアカウントを作成する際、Microsoftアカウントが勧められますが、**ビジネス環境ではローカルアカウントを選択することを強く推奨**します。

ローカルアカウントとMicrosoftアカウントの違いはなんですか？

　ローカルアカウントでPCにサインインすれば、**データファイルやパスワードなどの各種重要な情報はすべて該当PC内で管理・保持されます。PC本体さえセキュアであれば情報は守られる**と言えます。

　一方MicrosoftアカウントでPCにサインインした場合、データファイルや各種情報はローカル上と同期する形でMicrosoftのサーバーにも情報がコピー（同期保持）されます。

　これはクラウドに各種情報をバックアップしている、あるいはクラウドを活用することで他媒体と連携して管理できるなどのメリットもあるのですが、情報をどこまで送信しているかや、どこまで内容解析しているかはサービス側に握られている状態です（図3-13）。

でも実際は、OneNoteによるノートメモの同期とかは便利ですよね？

　MicrosoftアカウントでPCにサインインすると、Windowsに標準搭載されるMicrosoftサービスを利用するアプリ（メール、カレンダー、OneNote、OneDriveなど）には無設定で該当Microsoftアカウントが紐づけられます。

　言い方を変えると、Microsoftアカウントでサインインしている場合は自動的

に各種サービスにログインするというだけです。

　ローカルアカウントであっても、メール・OneNote・OneDriveなどのアプリに対して個々にMicrosoftアカウントでログインすれば、各種サービスを滞りなく利用できます。

　割り切った言い方をしてしまえば、**個人情報もひっくるめてデスクトップごとMicrosoftに預ける管理になるのがMicrosoftアカウント、任意にクラウドサービスを選択して利用できるのがローカルアカウント**となります。

　どちらを利用するかはビジネス環境次第ですが、必然性がない限りアカウントの不正利用などで情報漏えいの心配があるMicrosoftアカウントではなく、ローカルアカウントの利用が推奨されます。

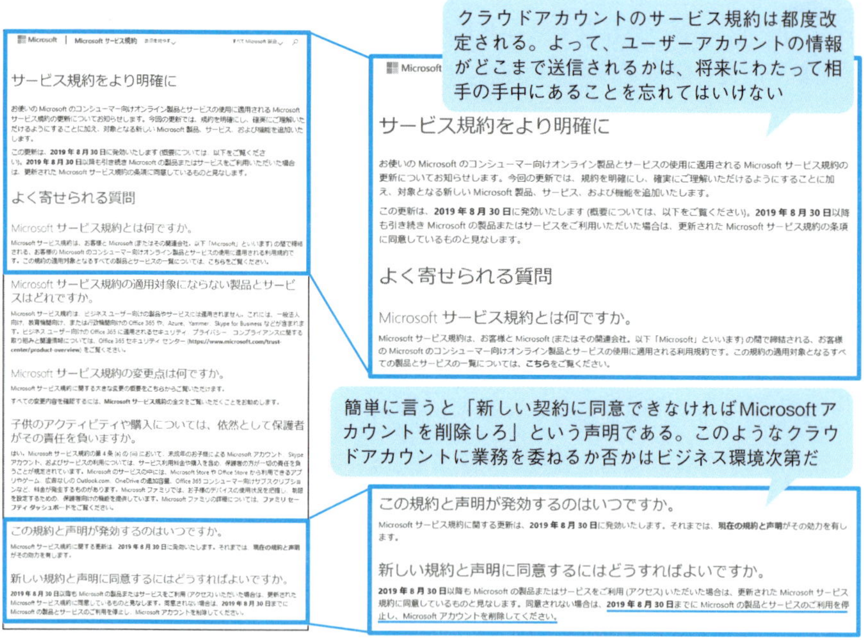

図3-13：クラウドのサービス規約の改定

ワンポイントアドバイス

ビジネス環境ではローカルアカウントを利用することを強く推奨する。Microsoftアカウントは個人情報がサーバーに送信される他、アカウントの漏えいや規約改定などで情報の安全性が絶対的に確保できるとは限らない

Section 14 [システム管理]
「PCのリセット」で正常なPCの状態に復元しよう

いま使っているPCが、マルウェアに侵された場合を想定していますか？

え？　いきなりそんなことを言われても……

マルウェアが疑われた場合、ウィルススキャンなどで検出・駆除できればよいのですが、それでもPCの挙動がおかしい場合は、未知のマルウェアの可能性（ウィルスデータベースに登録されていない悪意の実行）やソフトウェア的な要因の可能性（OS更新やアプリの導入によるトラブル）などが考えられます。

実際のトラブルの場面を想定してみればわかりますが、**マルウェアとは言い切れないが（可能性は残るが）、とにかく何かがおかしいという状況はビジネス環境のPCトラブルとしてはありがち**なのです。

むむ。確かにマルウェアが潜んでいてトラブルを引き起こす可能性はありますよね……

実際にマルウェアに侵されたと思われる場合の対処方法は、**4章14項**で解説しますが、未知のマルウェアに侵されているのか、あるいはソフトウェア的な要因なのかは明確に判別がつかない場合には、**「PCのリセット」をしてしまえば、結果的に正常なOS状態を復元できる**ので解決できます（図3-14）。

なるほど、初期化すればマルウェアに侵される前の状態になりますものね！

「PCのリセット」は［⚙（設定）］→［更新とセキュリティ］→［回復］を選択して、「このPCを初期状態に戻す」欄にある［開始する］をクリックします。

「PCのリセット」を実行すると、任意に導入したアプリ、アプリの設定、アプリの設定に付随するデータを消去することになり、**オプション選択によってはデータファイルもすべて完全消去**されてしまいます。

つまり、**アプリもデータもマルウェアもひっくるめてクリーンなOS初期状態を取り戻すのが「PCのリセット」**なのです。

データファイルが消えてしまっては困ります！

だからこそ、PCのリセットはあらかじめ前準備が必要になります。

PCのリセットの後、アプリについては再セットアップが必要になるため、アプリのセットアッププログラムやライセンスの（どのPCにどのライセンスでインストールしたか）などを管理しておく必要があります。**またデータファイルなどは事前に他の媒体にバックアップしておくことが必須になります。**

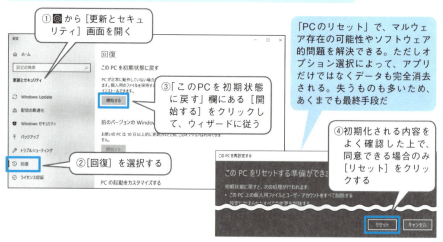

図3-14：PCのリセット（初期化）手順

ワンポイントアドバイス

マルウェアに侵されたPCやソフトウェア的な問題があるPCは、リセットを行えばPCの初期出荷状態に戻せるため問題を解決できる。ただし、アプリ本体や設定、データファイルなどはPCから消去される点に留意しよう

Section 15 ［システム管理］
システムをバックアップ・リカバリできる環境にしよう

　マルウェアの存在が疑われるPCや、ソフトウェア的な要因で動作がおかしくなったPCは「PCのリセット」で正常な初期状態のOSに戻すことができます。しかし「PCのリセット」ではPCの設定やアプリ、データファイルまで消去されてしまうため、事前のバックアップは必須です。リセット後にはアプリの再セットアップやデータの復元などが必要になるため、スキルも時間も要求されます。

導入アプリ点数が多いと再びセットアップするのは大変だな……

　そこで活用したいのが、システムバックアップです。業務開始できるクリーン状態（正常なOS＋正常なアプリ環境）をシステムバックアップしておけば、トラブル時にシステムリカバリ（PCのリカバリ）だけで業務を再開できます。

システムのバックアップがとれるのですね。具体的にはどうすればよいでしょうか？

　別途、市販のシステムバックアップソフトが必要になります（Acronis True Imageなど）。システムバックアップソフトを活用すれば、アプリ環境を含めてまるごとバックアップできるため、OS起動不能などの深刻なトラブルの他、マルウェアに侵されている疑いがある状態などでも、ソフトウェア的な要因のトラブルであれば、リカバリを実行することで正常な状態をすぐに復元して作業に戻ることができます（図3-15）。

　ただし、システムバックアップは基本的にパーティション（ストレージの領域）単位のバックアップになるため、パーティションにデータファイルが含まれる場合には、データファイルごとバックアップしてしまう点に注意が必要です。

> システムだけではなく、データファイルも
> バックアップできるなんて理想的じゃないですか!

　いいえ、よく考えてみてください。システムのバックアップにデータファイルが含まれるということは、システムをリカバリする際に、バックアップ時点のデータファイルが書き戻されることを意味します。**半年前のシステムバックアップをリカバリすると、半年分のデータファイルが消失してしまうのです。**

　バックアップ管理やPCのパーティション管理にもよりますが、総合的なセキュリティやトラブル対策を考えた場合は、PCにそもそもデータファイルを保存せず、ファイルサーバーで管理することが理想です（3章16項）。

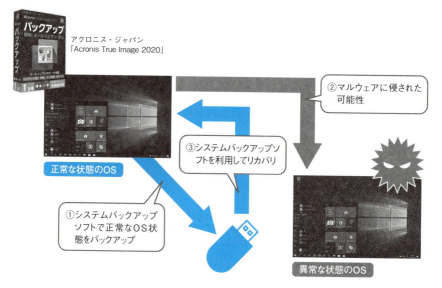

図3-15：「PCのリカバリ」による正常なOS状態の修復

ワンポイントアドバイス

> システムバックアップソフトを利用すれば、OSの任意の状態をバックアップすることができるため、PCにトラブルが起こった際には「正常なOS＋正常なアプリ環境」を復元できる

Section 16 ［システム管理］
従業員のデータファイルをファイルサーバーで管理しよう

　ある日、PCの電源が入らない。あるいはOS起動中やOS起動直後にエラーを表示して作業ができない……など、PCで日常的な業務作業ができないという状態に陥った場合にはどうすればよいのでしょうか？

「PCのリセット」を実行して
OSを正常な状態に復元するのですよね

　PCのOSを修復するという意味では正しいのですが、**問題がハードウェア的なトラブル（PCのパーツ故障）であった場合には解決できません。**

　また、OSの修復であるPCのリセット（3章14項）やPCのリカバリ（正常なOS＋正常なアプリ環境の復元、3章15項）はともに、現在PC内にある最新データファイルが保持されない（消去される）というデメリットがあります。

……だからこその、日々のバックアップなのですね

　ビジネス環境では、**データファイルを日々バックアップすることは必須**です。とはいえオフィスの全PCに対して毎日バックアップを行うのは現実的ではありません。

　そこでお勧めしたいのが、データファイルを集中管理するファイルサーバーです（図3-16）。ファイルサーバーにデータを集約すれば、バックアップが一元化できる他、共有フォルダーへのアクセスには認証が必要なので、必要な人以外は対象データファイルにアクセスできないというセキュアな環境を実現できます。

Chapter 3　PCの設定と管理　093

ファイルサーバーの管理は難しくないですか？

　サーバークライアント環境の構築と管理については7章で解説していますが、Windows 10の共有フォルダー設定だけで実現できるので、「共有フォルダーにアクセス許可するユーザーの作成と設定」さえ覚えてしまえば難しくありません。

　コストもそれほどかかりませんし、現在各PCに点在しているデータファイルを一元化できるため、クライアントにあたるPCはデータファイルの存在を気にせずにPCのリセットやリカバリを自由に行え、新規PCの追加なども容易に行えるメリットがあります。

　要は**日々業務を滞りなく進行するためにも、あるいはPCトラブル時の修復作業を考えてもファイルサーバーの導入は検討すべき**です。

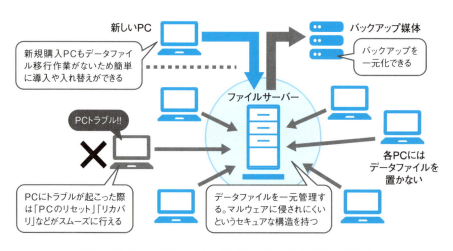

図3-16：ファイルサーバーによるPCトラブルに強い環境

ワンポイントアドバイス

個々のPCでデータファイルを管理すると情報消失や情報漏えいの可能性もある。ファイルサーバーでデータファイルを一元管理すれば、バックアップなどもスムーズに行える他、全般的に安全な環境を実現できる

Section 17 ［サンドボックス］
安全性の不明なアプリはテストしてから安全に実行しよう

　ビジネス環境においては業務利用外アプリ、例えば「ゲーム」「ファイル交換ソフト」「違法ダウンロードツール」などの他、「PCや業務に便利そうなツール」などもマルウェアが含まれている可能性があるため導入や利用は禁止です。
　一言で言ってしまえば、「ビジネス業務に必須なアプリ以外は導入しない」ことがセキュリティ対策なのです。

でも、取引先から渡されたデータファイルを開くために、安全性が不明なアプリの導入に迫られています……

　取引先に任意のアプリの利用が求められた場合、安全性の高いアプリ（サポートが現在も継続している信頼できるメーカーのアプリやUWPアプリ）であれば任意に導入しても構いません。
　しかし、安全性が不明なアプリであるにもかかわらず、どうしてもアプリ導入の必然性に迫られる環境の場合には、**比較的上級者向けのテクニックになりますが「サンドボックス」でアプリ動作を確認してから導入するという方法**があります。
　なお、実在するPCの中で仮想のPCをつくり出すという比較的高度な処理になるため、**CPUが仮想化機能に対応していることやメモリ容量などの一定条件を満たさないと動作させることはできません**（図3-17-1）。

「サンドボックス」とは何でしょうか？

　「サンドボックス」とは、アプリ（プログラム）がシステムに影響を及ぼすことのないように隔離された環境のことです。サンドボックスを実現する方法として、最もわかりやすいのは「仮想マシン」です。
　仮想マシンとはソフトウェアで作成された擬似的なPC（PCのハードウェア）

のことで、デスクトップ上で仮想的な別のPCを動かすことができます。

　つまり、現在のシステムとは隔離されたサンドボックスである「仮想マシン上での安全性の不明なアプリ導入と実行」であれば、**システムそのものがマルウェアに侵されるリスクを最小限に留めることができます。**

仮想マシン環境をつくるにはどうすればよいでしょうか？

　仮想マシン環境を実現するには、市販仮想マシンソフトである「VMware」などを導入する他（図3-17-2）、Windows 10の上位エディション（Pro、Enterpriseなど）であれば、仮想マシン機能である「Hyper-V」を活用する方法があります（図3-17-3）。

　仮想マシンソフトであれば、「スナップショット」という機能を活用することで、仮想マシン上の任意のOS状態の保存・復元することができます。例えば「アプリ導入前のクリーンなOS環境」をスナップショットで保存しておき、いくつかのアプリの動作をチェックした後に、スナップショット機能でクリーンな状態に戻すこともできるので、「安全性の不明なアプリを試す」環境として最適です。

　ただし、仮想マシンソフト自体には、「仮想的なPCをつくる（空のPC本体を仮想的につくる）」機能しかないため、仮想マシン上でWindows 10を恒久的に動かすのであれば、別途Windows 10のライセンスが必要になります。

うーん、ハードルが高そうです……。
でも、サンドボックスに魅力を感じます。

　Windows 10の上位エディション（Pro、Enterpriseなど）であれば、「Windowsサンドボックス」を利用するのも手です（図3-17-4）。

　Windowsサンドボックスは仮想マシンソフトのような高度な仮想マシン管理（CPUスペックやストレージ容量を指定する、スナップショットを作成する）は利用できませんが、Windows 10の上で「使い捨てのアプリテスト環境としてのWindows 10」を起動することができます。

　なお、サンドボックス全般に言えることですが、「システムと隔離された環境な

ので、システムに致命的な悪影響を及ぼさない（導入・動作させたプログラムがシステムに影響を及ぼすことはできない）」という点では優れますが、該当アプリが他者を攻撃するマルウェアプログラムであった場合には、サンドボックス内でもインターネット接続は可能なので、結果的に他者を攻撃することになるなど絶対的に安全ということではない点に注意します。

よって、サンドボックスであっても不明なアプリの利用やテストは最小限に留めることが推奨されます。

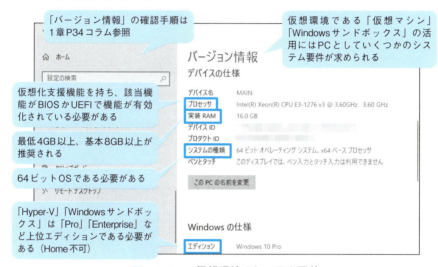

図3-17-1：仮想環境のシステム要件

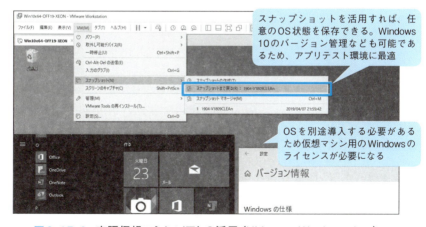

図3-17-2：市販仮想マシンソフトの活用（VMware Workstation）

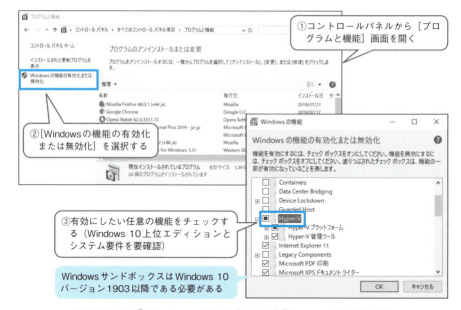

図3-17-3:「Windowsサンドボックス」「Hyper-V」の有効化

図3-17-4:「Windowsサンドボックス」の活用

ワンポイントアドバイス

サンドボックスを活用すればシステムに悪影響を与えずにアプリ（プログラム）の導入や動作確認を行うことができる。ただしサンドボックス内であってもマルウェアによる悪意は実行できてしまうので注意しよう

第2部 ｜ 実務編

日常操作と業務運用

Chapter

4

Section 01 ［離席対策］
PCから離れる際には他人が操作できないようにしよう

　現在操作しているデスクトップ（サインインしているユーザーアカウント）からは、様々な情報にアクセスできます。

　業務利用するデータファイルの他、メールアプリのメッセージデータ、Webブラウザからはいつも利用しているWebサービス、資格情報を保存していればネットワーク上の共有フォルダーやサーバーなどへアクセスすることが可能です。

　悪意ある人やセキュリティ意識の低い人にデスクトップの操作を許せば、取引先情報や業務データの漏えいが起こりうる他、リモートプログラムなどを仕込んでやりたい放題ということも可能です。

　よって、**デスクトップ操作を他人に許さないという日常的な習慣は、業務利用するPCにおいては絶対的に必要になります。**

PCのデスクトップ操作を他人に許さないためには、どうすればよいのでしょうか？

　まず、**離席時のデスクトップのロックを徹底します**。ロックしてしまえば、ユーザーアカウントのパスワードがわからない限りデスクトップ操作ができないからです。

　デスクトップをロックしたい場合には、[スタート]メニューからロックすることもできますが（図4-1）、すばやくロックを実行できる**ショートカットキー** ■ （ウィンドウズキー）＋ L キーを手になじませておくと、不意な離席時でもすばやくデスクトップをロックできて便利です。

ロックしてしまうことで、進行中の処理がとまってしまわないでしょうか？

　ロックしている間もデスクトップ作業は続行されます。例えば大きめのファイ

ルのコピー、送信、ダウンロードなどを行っている途中でロックしても作業は継続されるため、ロックを行うことで何らかの作業が遅延することはありません。

業務利用するすべてのPCに必要なセキュリティ対策がロックなので、**ロックの重要性と操作方法は全従業員に周知を徹底する**ようにします。

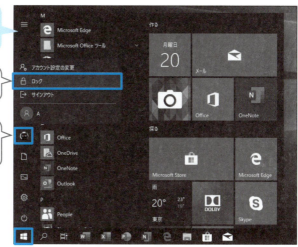

ロックは ■ + L キーのショートカットキーでも素早く実行できる

②メニューから［ロック］を選択する

①［スタート］メニューから［ユーザー（アイコン）］をクリックする

全従業員へ離席時にデスクトップのロックを徹底させよう

図4-1：デスクトップのロック

ワンポイントアドバイス

PCの基本セキュリティ対策の1つとして、デスクトップ操作を他者に許さないという管理が必要だ。離席時にはショートカットキー ■ （ウィンドウズキー）＋ L キーでデスクトップをロックするということを周知徹底しよう

Chapter 4　日常操作と業務運用　101

Section 02 ［離席対策］
自動ロックで従業員のうっかりミスを防ぐ

　PCのデスクトップ画面を他者に操作ができる状態で放置することは、非常に危険です。各種情報を盗み見られる可能性がある他、**外出先などでは人為的にマルウェアプログラムを仕込まれる可能性さえあります**。

> 外出先では気をつけますが、さすがに会社や自宅では大丈夫だと思いますが……

　実際に業務利用PCを持ち帰ったあるサラリーマンが、自宅のリビングでロックせずに操作可能な状態で放置した際、そのときに自分のPCが壊れていた息子が業務利用PCを借りてアダルトサイトを閲覧。

　このときに誘導されてマルウェアプログラムを導入したことにより、後に業務上で致命的な情報漏えいが起こったという事例もあります（サラリーマンは後に会社を解雇、一家離散という結末になりました）。

> でも、従業員の中にはロックをし忘れる人がいるような……

　デスクトップをロックし忘れた場合も考えて、無操作状態が一定時間経過したら自動的にロックする設定をPCにあらかじめ適用しておきます。Windows 10は、スリープまでの時間設定で無操作状態が一定時間経過後の自動ロックを実現できます。

　セキュリティを考えて、**なるべく短い時間でスリープが実行されるよう設定する**とよいでしょう。

　［⚙（設定）］→［システム］→［電源とスリープ］を選択して、スリープ状態に移行するまでの時間を「スリープ」欄で指定すれば実現できます。

　なお、この設定ではスリープからの復帰時にロックの解除が必要になります。

少し席を外しただけでスリープになってしまうと、
業務上困ってしまうことはありませんか？

　PCをロックさせるためとはいえ、数分でスリープが実行されては困る環境（該当PCにおけるファイル共有やマクロ作業などの処理を継続させたい環境）では、**スリープに依存せずにロックまでの時間を指定できる「スクリーンセーバー設定」を活用**します。

　[⚙（設定）]→［個人用設定］→［ロック画面］を選択して、［スクリーンセーバー設定］→［再開時にログオン画面に戻る］をチェックして、［待ち時間］で任意のロックまでの待ち時間（分数）を指定します（図4-2）。

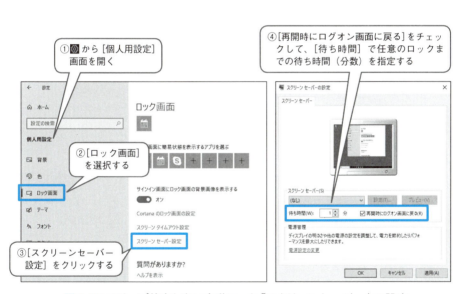

図4-2：スリープ依存しない自動ロック「スクリーンセーバー」の設定

ワンポイントアドバイス

離席時のデスクトップのロックをし忘れることも想定して、無操作状態が一定時間（数分）経過したら自動的にロックする設定を適用しよう。スリープさせずにデスクトップ作業を継続できるスクリーンセーバーロックもある

Section 03 ［離席対策］
人前ではパスワード入力せずにサインインしよう

　どんなパスワードであっても人前で入力することは禁止です。パスワード入力画面では「******」などと表示されていても、物理キーボードのキー入力時の指の動きで、パスワードを類推されてしまう可能性があるからです。

　特にWindowsにサインインする際の「ユーザーアカウントのパスワード」は、人前で絶対に入力しないようにします。

　これはユーザーアカウントのパスワードが他者に知られてしまうと、該当ユーザーアカウントで管理されているすべての情報にアクセス可能になってしまうためで、致命的な情報漏えいなどの被害が起こりうるからです。

ユーザーアカウントのパスワードを人前で入力しないで、どうやってWindowsにサインインするのでしょうか？

　「サインインオプション」を設定することで、ユーザーアカウントのパスワードを直接入力しないサインインが可能になります。

　サインインオプションには「PIN（パスワードの代わりになる暗証番号）」や「ピクチャパスワード」の他、ハードウェアが対応すれば「顔認証（フロントカメラで顔を認識して認証する、要対応カメラ）」や「指紋認証（指紋リーダーをスワイプして認証する、要対応指紋リーダー）」なども可能です。

　［⚙（設定）］→［アカウント］→［サインインオプション］を選択して、PC本体やビジネス環境に合わせて任意に設定します。

指紋認証などを設定して、実際に指紋がうまく認識されない場合などを考えると怖いのですが……

　サインインオプションは複数設定できるので、仮に指紋認証がうまくいかなくても、「PIN」や「パスワード」でサインインできるので問題ありません。Windows

のサインイン画面(ロック画面)で、任意にサインインオプションを切り替えてサインインすることができます(図4-3)。

ちなみに、同一ユーザーアカウントを他のPCで利用する場合であっても、**サインインオプションはPCごとに保存されるため、該当するPCのみの認証になる(クラウドなどで共有されない)**という点で**安全性が高い**のも特徴です。

Windowsのサインイン画面(ロック画面)で、サインインオプションを忘れてしまったり、うまくいかない場合は他のサインインオプションを選ぼう

ピクチャパスワードでサインイン

パスワードでサインイン

PINでサインイン

顔認証でサインイン

指紋認証でサインイン

図4-3:様々なサインインオプション

> **ワンポイントアドバイス**
>
>
> ユーザーアカウントのパスワードを漏えいさせないためには「サインインオプション」を設定しよう。「PIN」の設定が必須の他、PC環境に合わせて「指紋認証」などを設定してパスワード漏えいを防ごう

Section 04 ［メッセージ対策］
送られてきたメッセージが偽装メールかどうか確認しよう

　取引先などから送られてきたメッセージ（SNS、メール、チャットなど）と、そこに添付されたデータファイルに注意することは日常的なセキュリティ対策として重要です。**それらには、悪意が含まれる可能性があるからです。**

今まで取引してきた信頼できる担当者からのメールなのですが……

　そうであっても、**相手の環境がマルウェアに侵されている可能性がある**他、乗っ取られた上でのなりすましの可能性もあります。また、宅配便やオンラインペイメントなどの現在利用しているサービスからのメッセージであっても、偽装している（社名を名乗っているだけで送信者は悪意あるもの）可能性があります（図4-4）。

　つまり、信頼できる相手からのメッセージであっても、メッセージの信憑性には常に注意を払う必要があります。ましてや、知らない相手から送られてきたメッセージは、悪意が含まれる可能性があるため十分注意しなければなりません。

　安易にメッセージ内のリンク先を開いたり、添付ファイルを開くことでマルウェアに侵される可能性があるため、疑うという姿勢は常に必要になります。

何か見分け方や見極め方はあるでしょうか？

　既存の取引先からのメッセージである場合、メールアドレスやアカウントが今までのものと同一のものであるか（ドメインを持つ取引先であれば、@マーク以降の文字列に注意を払う）、メッセージの流れや書き方に違和感がないかなどを確認します。

　メッセージ内容がいつもと違ったり、**こちらに任意の行動を促す内容**（お金の

振込み・プログラムの導入・ログイン確認など）や業務と関係のないWebサイトやサービスへの誘導が含まれる場合には注意して、メッセージ内のリンクや添付ファイルは絶対に開かないようにします。

でも内容が不明な場合、最終的にリンク先やファイルを確認しないわけにはいかないような……

これについては臨機応変な対応が必要です。業務と関係のない内容、Webサービスのアカウントを要求する内容、お金や振込み・ギフトカードの要求などは無視してもよいでしょう。

ときには相手に直接電話連絡をしてメッセージの信憑性を確認することも有効です。なお電話連絡の際はメッセージに記述されている連絡先は偽装されている可能性があるため、既存の取引先であれば住所録などを、新しい取引先相手であれば公式Webサイトなどを確認して、正規の連絡先で確認をとるようにします。

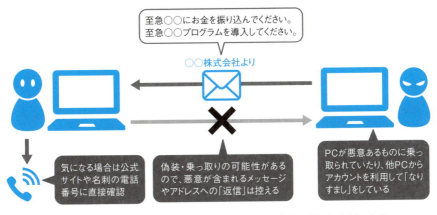

図4-4：メッセージ上の誘導は注意、必要に応じて電話で確認する

ワンポイントアドバイス

未知の相手からのメッセージのリンクや添付ファイルを開くとマルウェアに侵される可能性があるので無視するという対処も必要。信頼のできる取引先や有名企業を名乗っていても「偽装」や「乗っ取り」の可能性がある

Chapter 4　日常操作と業務運用　107

Section 05 ［メッセージ対策］
メールアドレスをうまく管理して偽装・スパムメールを防ごう

　メールアドレスは名刺などに印刷して配布する場合や自社Webサイトで公開するなど、ある意味誰でも入手できる情報の1つです。

　同じメールアドレスを長い間利用していると取引先やWebサービスなどを偽装したメールが送信されてくる可能性の他、スパム（無差別かつ大量にばらまかれるメッセージ）も増えます。この中に含まれるリンクをクリックすることでマルウェアの侵入や、偽装Webサービス上での情報入力などから「乗っ取り」や「情報漏えい」などの被害に発展する可能性があります。

　よって、**メッセージの信憑性を見極めた上で「リンクをクリックしない」「添付ファイルを開かない」という対処が必要**になります。

最近取引先以外からのよくわからない勧誘メールが多く、重要なメッセージを見逃しそうです……

　スパムメールが多いという場合には、いくつかの対策があります。

　まずは、メッセージの振り分けによる対策です。取引相手のメールアドレスや差出人名、ドメインなどを指定して、**重要なメールアドレスは特定のフォルダーに振り分ける**よう設定します（例えば「翔泳社」であれば「〜@shoeisha.co.jp」なので、この文字列が含まれるメールアドレスは「重要取引先」フォルダーに振り分けるなど）。

　また、**「メールフィルター」を利用する**手もあります。これは主にメールサービスを供給するプロバイダーが提供する機能ですが、「迷惑メールフィルター機能」などを適用して、スパムメールを自動的に迷惑メールに振り分けることができます。ただし、「新規の業務オファー（知らないメールアドレスからの連絡）」なども迷惑メールとして判定されることもあるため注意が必要です。

> フィルター機能を使おうとしましたが、逆に必要な取引先までスパム扱いされないか心配です……

「メールフィルター」を利用する場合には、判定プログラムそのものはプロバイダー次第で、かつ判定基準が更新される可能性もあるので、**「ホワイトリスト（迷惑メールと判定しない条件指定）」なども組み合わせて利用する**とよいでしょう。

なお、現状スパムメールが多すぎて判定設定なども行えないという場合には、新しいメールアドレスに乗り換えることを検討します。

ちなみに新しいメールアドレスに乗り換える場合には、各取引先への事前連絡が必要なことはもちろん、相手が忘れて旧メールアドレス宛にメッセージを送ってくる可能性も考えて、完全移行するまでは一定期間の猶予を設けます（新・旧メールアドレスとも併用して、重要なメッセージが送られてこなくなったことを確認してから旧メールアドレスを閉鎖するなど）。

さらに「公開メールアドレス」と「実取引や業務進行メールアドレス」を分けて管理する方法もあります。取引の重要度でメールアドレスを分けた上で、先に解説したフィルターなども併用すると、間違いが起こりにくいメッセージ送受信環境を構築できます（図4-5）。

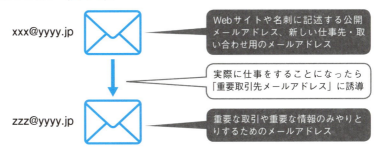

図4-5：業務メールアドレス管理の例

ワンポイントアドバイス

スパムや業務に不要な勧誘メッセージなどが増えた場合には、メールアドレス管理の見直しを行い「振り分け」や「メールフィルター」を利用する。場合によっては新しいメールアドレスへの移行も検討しよう

Section 06 ［日常対策］
クイックスキャンでマルウェアがないかチェックしよう

　PCのマルウェア対策機能は、ストレージやネットワークにおいてデータの入出力が行われた際にマルウェアの検知を試みる他（リアルタイム保護）、定期的にウィルススキャンするようスケジュールされていることが一般的です。

　つまり**マルウェア対策機能が有効であれば、日常的にマルウェアは検知・駆除が行われる仕組み**なのですが、ITの世界は悪意が常に進化する関係上、ウィルスデータベースが追いつかないなどの理由で、すでにマルウェアの侵入を許してしまっている可能性があります。

マルウェアが侵入してしまっている可能性がある場合は、どう対処すればよいでしょうか？

　マルウェアに侵されている可能性が少しでも疑われる場合には、任意にウィルススキャンを実行します（図4-6）。

　ウィルススキャンにおいては、まず「クイックスキャン」を実行します。

　「クイックスキャン」では、現在メモリ上で動作しているプログラム（プロセス）に対する他、PCでマルウェアが混入しやすい主要フォルダー（システムフォルダー、プログラムフォルダー、ユーザーフォルダー、ドキュメントフォルダーなど）を対象にウィルススキャンを実行してマルウェアの検出・駆除を行います。

　「クイックスキャン」は［⚙（設定）］→［更新とセキュリティ］→［Windowsセキュリティ］を選択して、［ウィルスと脅威の防止］から実行できます。

　なお、ウィルススキャンを行う前に、**あらかじめ「ウィルス検知プログラムとウィルスデータベースの更新」**をしておくと、マルウェアの検出率を高めることができます（4章07項）。

「クイックスキャン」でPC内のマルウェアはすべて駆除できますか？

「クイックスキャン」は、名前のとおり迅速（クイック）にスキャンできるのが特徴ですが、**PC全体をウィルススキャンして確認しているわけではないことに注意してください。**

PC全体や任意のフォルダーのみをウィルススキャンしたい場合には、［スキャンのオプション］から、任意のウィルススキャンを実行します（4章14項）。

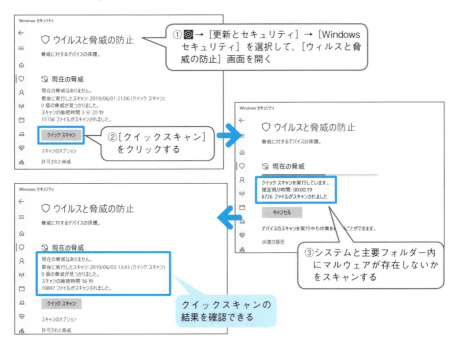

図4-6：クイックスキャンによるマルウェアの検知と駆除

ワンポイントアドバイス

マルウェアの検知・駆除は自動的に行われる仕組みだが、現在のPCにマルウェアの疑いがある場合には、任意のタイミングでウィルススキャンを行ってマルウェアが存在しないことを確認しよう

Section 07 ［日常対策］
マルウェア対策機能は必要に応じて手動で更新する

　マルウェア対策機能として「Windows Defender ウィルス対策」を利用している場合、**ウィルス検知プログラムとウィルスデータベースは自動的に更新する仕組み**になっています。

「Windows Defender ウィルス対策」を利用していれば、何もしなくて済むので楽ちんですね

　一般的にはこの自動更新任せで十分なのですが、より最新のマルウェアも検知・駆除したい場合や、これからPC全体に対してウィルススキャンを行いたい場合には（PC環境によっては数時間〜1日程度要します）、あらかじめウィルス検知プログラムとウィルスデータベースを手動で最新版に更新しておくとマルウェアの検出率を高めることができます。

「Windows Defender ウィルス対策」の更新はWindows Updateでよいのですよね？

　Windows Updateでも「Windows Defender ウィルス対策」を更新することができ、更新プログラムにおける「定義更新プログラム」がこれにあたります。
　しかし、Windows Updateから更新した場合、設定次第では**「機能更新プログラム」や「品質更新プログラム」なども一緒にダウンロードが行われてしまう**ため、アップデート完了までにかなりの時間がかかってしまうことがあります。

時間がないときはどうすればよいのでしょうか？

　今すぐPCにマルウェアが存在しないかを確認したい場合など、「Windows

Defenderウィルス対策」におけるウィルス検知プログラムとウィルスデータベースのみを更新したい場合には、[⚙（設定）]→[更新とセキュリティ]→[Windowsセキュリティ]を選択して、[ウィルスと脅威の防止]から「ウィルスと脅威の防止の更新」欄にある[更新プログラムのチェック]をクリックして更新を行います（図4-7）。

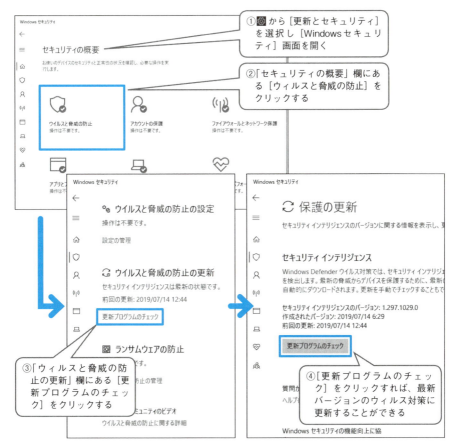

図4-7：ウィルス検知プログラムとウィルスデータベースの更新

ワンポイントアドバイス

ウィルススキャンでマルウェア検知や駆除を行いたい場合、事前に最新のウィルス検知プログラムとウィルスデータベースに更新しておき、検出率や駆除率を高めよう

Chapter 4　日常操作と業務運用　113

Section 08 ［日常対策］
PCの電源は毎日落とさない

　セキュリティ対策が重んじられていなかった時代（現在のようにインターネット上に悪意がうごめいていなかった時代）のOSと、現在のOSではセキュリティに対する考え方が異なります。

　現在のOS（Windows 10）はセキュリティ対策のために、頻繁にWindows Updateによる「品質更新プログラム」や「定義更新プログラム」の公開が行われ、自動的にセキュリティアップデートする仕組みになっています（3章03項）。

　先日PCを起動したら「更新プログラムの構成」という画面が表示されたまま、数時間業務作業ができなくて困りました

　Windows Updateによる更新プログラムの適用は、ときにPCの再起動（デスクトップが動作していない状態でのシステム更新）が必要になり、この更新完了には数十分〜数時間ほどかかる場合があります。

　ちなみに、退社時にPCの電源は切っていますか？

　はい、もちろんPCはシャットダウンして退社しています。節電のためにお昼の時間もPCをシャットダウンしています

　実は、そのシャットダウンが更新プログラムを溜め込むことに繋がり、ある日電源を入れた瞬間に更新プログラムの導入が始まって長時間デスクトップ操作ができなくなる原因になっています。

　Windows 10では、なるべくユーザーがPCに触れていないタイミングを見計らってメンテナンスを行いますが、これには「Windows Updateによる更新プログラムの適用」も含まれます。

　つまり「PCの電源を切らない」という管理をすることが、私たちにとってもPCにとってもプラスに働くのです。

> そうなのですか？ 節電が騒がれる世の中で、
> PCの電源のつけっぱなしはまずくないですか？

　PCには様々な節電機能がありますので問題ありません。「スリープ」では最小限の電力でメモリ内に作業内容を保持します。スリープ状態が一定時間経過した後「休止状態」に移行すると、ストレージにメモリ内容を書き込んでPCの電源を完全に切ります（消費電力ゼロ）。

　スリープや休止状態であっても、スケジュール管理された項目（更新プログラムの適用）などがあれば、PCは勝手に起動して自動的にメンテナンスを行い、該当作業を終了するとまたスリープに移行して節電を行うのです。

　つまり、シャットダウンではなく**日常的に「スリープ」を利用すれば、業務作業時間外に「Windows Updateによる更新プログラムの適用」などを行ってくれるので、数時間待たされるなどの問題は回避できる**のです。

　また、明示的に業務時間帯での更新プログラムによる自動的な再起動を避けたい場合には、Windows Updateの［アクティブ時間の変更］の設定で時間を指定することができます（図4-8）。

図4-8：アクティブ時間の変更

ワンポイントアドバイス

電源管理としてスリープを活用すれば、PCに必要なメンテナンスは深夜に自動的に実行されるため、「更新プログラム適用のためにデスクトップ操作ができない」という問題を回避することができる

Section 09　［ファイルを開く］
ファイルを開く前に拡張子を確認しよう

　PCがマルウェアに侵されてしまう理由のほとんどは、ユーザーがファイルを開くことによるものです。

　マルウェア対策機能のアップデートや脆弱性対策を怠らず、また不要なアプリを導入しないという管理を守ることができれば、あとはファイルを開く場面さえ注意すれば、マルウェアに侵されるリスクはほとんどなくなります[※]。

> 例えば、取引先から送られてきたデータファイルを開くときは、どのように注意すればよいですか？

　Windowsの場合、ファイルの種類は「拡張子」と呼ばれるファイルの末尾の文字列（最後のピリオド以降の文字列）で判別できます。

　アイコンの柄で判別する人も多いと思いますが、**アイコンの柄は偽装可能なのでファイルの種類を判別する基準にはなりません**。例えばマルウェアプログラムファイルのアイコンを、Excelデータと同じアイコンにすることは仕様上可能なのです。

　なお、Windows 10の標準設定はなぜか「ファイルの拡張子を表示しない」設定になっているので、必ず拡張子を表示する設定を適用します（図4-9-1）。

> 拡張子を見ても、
> 僕にはファイルの種類が全くわかりません……

　取引先から送られてくるファイルは基本データファイルのはずです。Wordのドキュメントであれば「.doc」「.docx」、Excelのスプレッドシート（ブック）で

[※] この他にもマルウェアに侵されるリスクとして「Webブラウザ（5章全般）」「メッセージのリンク（3章04項）」などがありますが、これらも結果的に「ファイルを開くこと」によるリスクになります。

あれば「.xls」「.xlsx」という拡張子になります。ただし、多数のアプリに多数の保存形式がある関係上、すべてのファイルの種類を拡張子で把握することは誰にとっても難しい状態です。

そこでマルウェア本体の可能性を排除するために、入手したファイルがプログラムファイルの拡張子ではないことに気をつけるようにします。「プログラムを実行する」「プログラムを導入する」「スクリプトを実行する」に相当する**代表的なファイル拡張子は「.COM」「.EXE」「.BAT」「.CMD」「.VBS」「.WSH」「.MSC」「.MSI」**などなので、これらの拡張子のファイルは開かないようにしてください。

ちなみに、拡張子において大文字小文字の区別はありません。

> そういえば、以前メールに「請求書.xls.exe」というファイルが添付されていたのですが……プログラムですか？Excelのファイルですか？

あくまでも、ファイル末尾の最終ピリオド以降の文字列がファイルの種類を示すので、「.exe」はプログラムファイルになります。Excelのデータファイルを偽装していることを考えても、悪意のあるプログラム（標的型攻撃メールなど）であることはほぼ確実なので絶対に開かないでください。

また、外部入手したファイルは「ウィルススキャン」で安全性を確認することも大切になります（図4-9-2）。

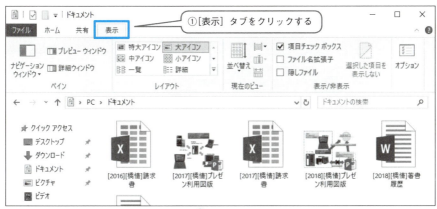

図4-9-1：ファイルの拡張子を表示する設定

図4-9-2：任意のフォルダーを対象としたウィルススキャン

ワンポイントアドバイス

ファイルの種類は「ファイルの拡張子」で判別できる。データファイルであるはずなのに「実行ファイル(.EXE)の拡張子」であった場合には、マルウェアプログラムの可能性が高いため絶対に開いてはいけない

Section 10 ［ファイルを開く］
データファイルを安全に開く方法

　一般的にビジネスなどの取引において、メール・SNS・チャットなどでデータファイルをやりとりすることはあっても、プログラムファイルをやりとりすることはありません。
　マルウェアの多くはプログラムファイルであるため、取引先などから送られてきたファイルがプログラムファイルではないという確認は、重要なセキュリティ対策の1つになります（4章09項）。
　なお、もし入手したファイルが自分の知らない拡張子であった場合には、安易に開かずにWebの拡張子辞典などでファイルの種類を確認してから開くようにします。

プログラムファイルでなければ、
ファイルを開いても問題ないでしょうか？

　いいえ。データファイルであっても、開くことで悪意に侵される可能性があります。
　データファイルは結果的にアプリのデータとして読み込まれる立場であるため（データファイル自体がプログラムとして動作するわけではない）、プログラムファイルに比べてマルウェアのリスクが少ないと言えます。ただし、アプリに脆弱性が存在する状態ではデータファイルを開くことで**脆弱性を突いた任意のコードを実行され悪意に侵されるリスクがあります**。
　つまりデータファイルを安全に開くためには、まずアプリ側の脆弱性対策が必須です（3章09項）。
　また、マクロを埋め込めるデータファイルの場合には（Word、Excel、PowerPoint、一太郎など）、アプリ内でマクロ記述に従った処理を行うことができるため、記述に悪意が含まれると結果的にPCがマルウェアに侵される可能性があります。

では、マクロが含まれるデータファイルはどうやって開けばよいでしょうか？

　マクロが実行可能なアプリにおいては、あらかじめアプリ側でマクロの無効設定（図4-10-1）を適用してからデータファイルを開くようにします。

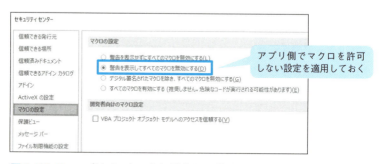

図4-10-1：アプリでマクロを無効化し、警告表示する設定

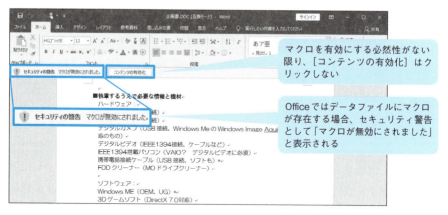

図4-10-2：Officeでのマクロの無効化と警告

ワンポイントアドバイス

アプリに脆弱性がある場合には、リモートでコードを実行される可能性がある。また、マクロを含むデータファイルは、任意の処理で悪意を実行することも可能なので、アプリ側で「脆弱性対策」と「マクロは許可しない設定」を施しておこう

Section 11 ［データの受け渡し］
取引先とのデータの受け渡し方法を見直そう

　取引先とのデータファイルの受け渡しでは、相手の受け取りやすさに配慮した上で、セキュリティ対策をする必要があります。

　データファイルの受け渡し方法にはメール添付やチャット・SNSへのアップロード、ファイル受け渡しサービスの利用などがあります。

　どの方法を採用するかはビジネス環境によりますが、メールに添付する場合には相手のメールサーバーの容量などを踏まえて、数MB程度にする配慮が必要です。 具体的には文書や表、単一画像などの小さいファイルサイズであればメール添付でも構いませんが、画像をふんだんに利用したプレゼンファイルや高解像度写真、動画ファイルなどを添付して送信するのは控えましょう。相手のメールサーバーに負荷をかけてしまう他、メールサーバーによっては受信拒否される可能性があるからです。

SNSやチャット、ファイル受け渡しサービスなどによるファイルの受け渡しは安全なのでしょうか？

　各種サービスはユーザー側から見てブラックボックスであるため、データ解析などを行っている可能性があり、絶対的に安全で漏えいしないとは言い切れません。

　また無料サービスの一部では、サービス提供側のセキュリティに対する意識が低く、アカウント情報をただのテキスト情報で保存（平文保存）していたり、内部のセキュリティポリシーが低くサービス提供側の社員の誰もが私たちの情報にアクセスできてしまう管理体制の場合もあります。

　サービス提供側が管理を怠って情報漏えいすると、該当サービスに預けていた情報に誰もがアクセスできるようになってしまう可能性がある他、個人情報なども拡散される可能性があります。

　実際に、このような情報漏えいが起こった事例もあります（図4-11-1）。

　無料サービスを上手に活用することは、私たちのビジネス環境ではコストや利

Chapter 4　日常操作と業務運用　121

便性の面で必要ですが、情報漏えいは起こりうるということを覚えておきましょう。**突発的なサービス停止も踏まえて1つのサービスに依存しないことも管理上大切です**。ちなみにファイル受け渡し方法として、「クラウドの共有機能（図4-11-2）」や「FTPサーバー」なども考えられるので、ビジネス環境によっては検討してみるとよいでしょう。

他に、データファイルを相手に送信する際に、セキュリティ面で気をつけることはありますか？

　アプリ側が対応していれば、データファイルにパスワードを付加するという方法が有効です（図4-11-3）。

　パスワードを伝達する際に「データファイルの受け渡しで利用したサービス以外」を活用することで（例えばSkypeでデータファイルを渡して、メールでパスワードを伝達する）、結果的に2つのサービスを組み合わせないとデータファイルを開けないので情報漏えいの危険性を大幅に減らすことができます（万が一知らない相手にデータファイルが渡ってしまった場合でも、パスワードがわからないと開けないため）。

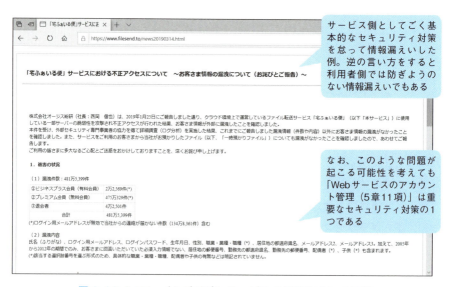

図4-11-1：ファイル受け渡しサービスの情報漏えいの事例

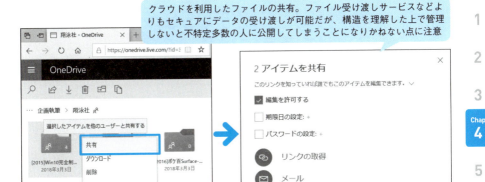

図4-11-2：OneDriveを利用したファイル共有

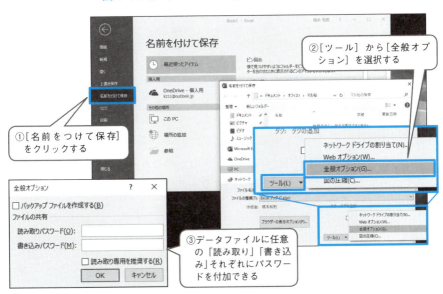

図4-11-3：データファイルにパスワードをつける手順（Office）

ワンポイントアドバイス

データファイルの受け渡し方法はセキュリティに配慮しつつ、複数の手段を用意しておく。また重要なデータファイルはパスワードをかけた上で、パスワードを別のサービスで相手に連絡して情報漏えい対策をとろう

Chapter 4 日常操作と業務運用　123

Section 12 [リムーバブルメディアの暗号化]
社外に持ち出すUSBメモリを安全に使うには?

ビジネス環境では、USBメモリなどのリムーバブルメディアによるデータファイルのやりとりは極力避けるのが基本です。

これは小さなメディアであるために紛失しやすく奪われやすいという他、USBメモリは誰でも簡単に利用できてしまうので、**少し目を離しただけでファイルをコピーされてしまうなどの情報漏えいが起こる可能性がある**からです。

でも、他社でのプレゼンなどで、USBメモリでデータファイルを持ち出したい場合があります

必然性のある場面で、USBメモリなどのリムーバブルメディアを活用するのは構いません。ただ、社内などで日常的にUSBメモリを利用してデータファイルの受け渡しを行うということは避けてください。ファイルサーバーを利用するなど業務データファイルは一元化するのが基本です。

ちなみに、USBメモリや外付けストレージなどの**リムーバブルメディアをビジネスで活用する際には、暗号化を行いパスワード認証によるセキュリティ対策を行います**。

僕の利用しているUSBメモリは、セキュリティ機能つきではありません……

ハードウェア的にセキュリティ機能を持つUSBメモリ（図4-12-1）ではない場合には、「BitLockerドライブ暗号化（BitLocker To Go）」を適用すれば、リムーバブルメディアの暗号化とパスワード認証が実現できます（図4-12-2）。

BitLockerドライブ暗号化を適用したUSBメモリであれば、暗号化が施された上で利用時にパスワード認証が必要になるので、比較的安全性が高いセキュアなデータファイル管理が可能です。

なお、USBメモリに対するBitLockerドライブ暗号化はWindowsの上位エディション（Pro、Enterpriseなど）でしか適用できませんが、BitLockerドライブ暗号化を適用したUSBメモリはどのOSでも扱うことができます。

BitLockerドライブ暗号化を適用したUSBメモリは、実際どのように開けばよいですか？

PCにUSBメモリを挿入したとき、あるいは該当ドライブにアクセスしたときにパスワードが求められるようになります。あらかじめ設定したパスワードを入力すれば、通常のUSBメモリ同様に扱うことができます。

セキュリティ機能つきUSBメモリには、ハードウェアで暗号化を行うものの他、任意の入力が求められるものや指紋認証システムのものもある

図4-12-1：セキュリティ機能つきUSBメモリ

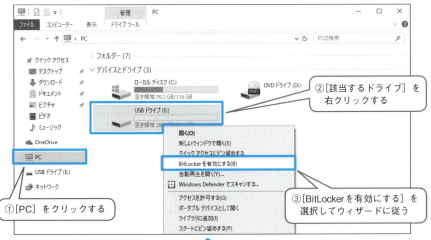

Chapter 4　日常操作と業務運用　125

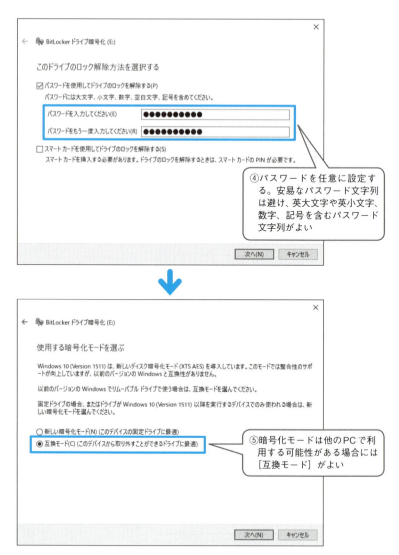

図4-12-2：USBメモリに「BitLockerドライブ暗号化」を適用（Pro、Enterprise）

ワンポイントアドバイス

業務データファイルを扱うUSBメモリや外付けストレージに対しては、セキュリティ対策として「暗号化＋パスワード認証」が実現できる「BitLockerドライブ暗号化」を適用しよう

Section 13 [マルウェアへの対処]
マルウェアへの具体的な対処方法を確認しておこう

マルウェアに侵されたと思われるPCに対する、具体的な対処方法を確認しておきましょう。

PCにマルウェアが存在するかどうかはどうやって確認すればよいでしょうか？

「ランサムウェア」など明確に目に見えるかたちのマルウェアもありますが**潜伏して活動するタイプも多いため、デスクトップ上の動作では判断できない場合があります**。

マルウェアが強く疑われる場合には、まずマルウェア対策機能の検知率と駆除率を高めるため、「ウィルス検知プログラムとウィルスデータベースの更新」を行います（図4-13-1）。

その上で、**マルウェアの被害を広げないためにPCをネットワークから切り離します**。これは現状ですでに「踏み台」や「バックドア」が仕掛けられている場合の被害拡大を防ぐための処置で、有線LAN接続の場合には「LANケーブルを本体から抜く」、Wi-Fi接続の場合には「Wi-Fi機能を切る」という対処を行います（図4-13-2）。

この後、PC全体に対するウィルススキャンである「フルスキャン」を行って、PC内にマルウェアが存在しないか確認します（図4-13-3）。

このようなウィルススキャンで、マルウェアは完全に駆除できますか？

任意のプログラムやコードをマルウェアと認定するか否かは、マルウェア対策機能におけるウィルス検知プログラムとウィルスデータベース次第です。

ウィルススキャンにおいてマルウェアが検出されない場合、世の中でメジャー

Chapter 4　日常操作と業務運用　127

なマルウェアはPC内に存在しない、またはウィルス検知プログラムが怪しいと認定するプログラムは存在しないということになりますが、**世の中にはマルウェアとして認識されない悪意のプログラムや任意の悪意というものも存在します**。

具体的には、どんなものが検知されないのですか？

　例えば、以前退社した人が、自宅でも作業ができるように業務利用PCにセットしておいた「自宅のPCから業務利用PCを遠隔リモートできるアプリと設定」は、実際に業務で活用していたものであるため、マルウェア対策機能のウィルススキャンでは悪意とは判断されない可能性があります。

　しかし、このリモート設定が現在も残存している場合、退職者が今でも業務利用PCを自由に操作できるという意味では悪意を実行できる状態と言えます。

そんな……では、どうすればよいでしょう？

　一般的にビジネス環境やPCの利用環境に照らし合わせて、過去を含めて疑わしい要素や動作がない場合には、**ウィルススキャンでマルウェアが検出されなければ悪意に侵されている可能性はほとんどない安全な状態**だと認識して構いません。

　一方、疑わしい要素がある場合にはやや上級者向けの確認方法になりますが、「タスクマネージャーでプロセス確認する（4章15項）」という方法の他、「別のセキュリティソフトでスキャンする（4章14項）」という裏技的なテクニックもあります。

　なお、根本的にPCからマルウェアの疑いを除去して、「100％マルウェアが存在しない確実な環境」にしたい場合には、「PCのリセット（3章14項）」を実行して環境をクリーン（初期化）にすることが求められます（PC内のアプリや設定、データファイルを失うことになります）。

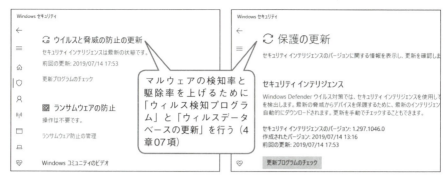

図4-13-1：マルウェア対策機能を最新版にする

図4-13-2：被害を広げないためにPCをネットワークから隔離する

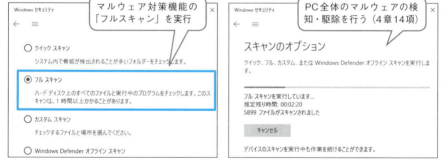

図4-13-3：PC全体をウィルススキャンして安全性を確認する

ワンポイントアドバイス

マルウェアが強く疑われる場合には、被害を広げないためにネットワークから隔離した上でウィルススキャンを行い、マルウェアを駆除する。それでも動作がおかしいなどの場合には、「PCのリセット」など根本的な対処を行おう

Section 14 ［マルウェアへの対処］
様々なウィルススキャンを駆使しよう

　マルウェア対策機能による「クイックスキャン」は、PC上のすべてのファイルに対してスキャンは行いません（3章06項）。クイックスキャンは主要フォルダーや現在メモリで動作しているプロセスに対してウィルススキャンを行い、マルウェアの検知・駆除を行います。

　これは現在マルウェアが動作していることを前提とすれば、主要フォルダーとメモリ上のプロセスを対象に確認することで、理論上は検出することが可能だからです。

> PC上のすべてのファイルが安全であることを確認したい場合には、どうすればよいでしょうか？

　PC全体の検知を対象とする「フルスキャン」を実行します。フルスキャンはウィルススキャンにおける［スキャンオプション］から選択することができます（図4-14）。

　ちなみにウィルススキャンはPC上の業務作業と並行して実行することも可能ですが、「フルスキャン」の場合はPC内のファイル数によっては1日近くかかるだけではなく、ハードウェア環境（PCスペック）によってはPCそのものの動作が鈍くなります。

　ビジネス環境が許せば、「フルスキャン」は業務時間外に実行することを推奨します（退社時に「フルスキャン」を実行して、業務時間外である夜中にマルウェアの検知・駆除を終わらせるなど）。

　なお、フルスキャンなどでマルウェアが検出されても、メモリに読み込まれているファイルは駆除できません。これはメモリに読み込まれているファイルは改変できないというOS仕様が理由なのですが、このような場合には「オフラインスキャン」を活用します（図4-14）。

ウィルススキャンで完全にマルウェアは
検知・駆除できるでしょうか？

4章13項でも説明しましたが、任意のプログラムやコードをマルウェアと認定するか否かは、現在利用しているマルウェア対策機能におけるウィルス検知プログラムとウィルスデータベース次第です。

マルウェアの検知を突き詰めたい場合には、**別のセキュリティソフトでウィルススキャンを行うというオプションを検討**してもよいでしょう。

別のセキュリティソフトを利用するとは
どういう意味でしょうか？

PCは基本的に複数のセキュリティソフトを同居させることはできませんが、Web上のサービスであるオンラインスキャンであれば、独立してウィルススキャンを行えます（「トレンドマイクロオンラインスキャン」など）。

オンラインスキャンであれば別の概念のウィルススキャンになるため、現在のマルウェア対策機能とは異なったマルウェア検出を行う可能性があります。

また、市販セキュリティソフトの一部には試用版として一定期間内全機能を利用できるものもあるので、これを一時的にインストールして別のセキュリティプロバイダーで検知・駆除を試してみるのもよいでしょう。

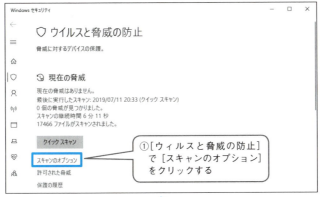

①［ウィルスと脅威の防止］で［スキャンのオプション］をクリックする

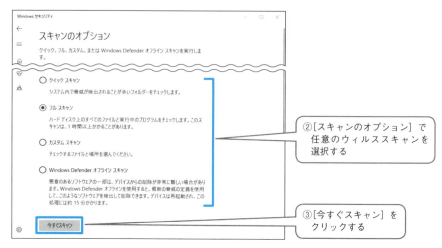

クイックスキャン	主要フォルダーや現在メモリで動作しているプロセスに対してウィルススキャンを行う
フルスキャン	ストレージ上のすべてのファイルをウィルススキャンしてPCにマルウェアが存在しないかを確認する。ストレージ容量やファイル数によっては半日～1日以上かかる
カスタムスキャン	任意に指定したフォルダーを対象にウィルススキャンを行う
オフラインスキャン	メモリに読み込まれているファイルは改変できないというOS特性があるが、再起動して「オフライン」でウィルススキャンを行うことでOS起動状態では駆除できなかったマルウェアを検知・駆除する

図4-14：スキャンオプションによる詳細なウィルススキャン

ワンポイントアドバイス

PC全体をウィルススキャンしたければ「フルスキャン」を実行する。PCがマルウェアに侵されていないかをさらに探りたい場合は、オンラインスキャンや他のセキュリティソフトを試すのも手だ

Section 15 ［マルウェアへの対処］
動作しているアプリなどの安全性を確認しよう

　やや上級者向けのマルウェアの検出方法になりますが、プログラム（プロセス）から探るという方法があります。アプリの本体はプログラムですが、現在動作中のプログラムは必ずメモリに読み込まれています。この特性を踏まえた場合、マルウェアプログラムが活動している状態では、該当プログラムがメモリに読み込まれ、CPUリソースなどを利用して動作していることになります。

　ちなみに、現在メモリに読み込まれているプログラムは「タスクマネージャー」で確認することができます（図4-15-1）。

　「タスクマネージャー」の［プロセス］タブでは、現在動作しているアプリやバックグラウンドプロセスを確認することができ、各プロセスのCPU・メモリ・ディスク・ネットワーク負荷や、**普段見かけないプロセスがないかなどでマルウェアが疑われるプログラムの可能性を見極めます**（図4-15-2）。

　正直、各プログラムがマルウェアかどうかまでは……

　該当プログラムを右クリックして、ショートカットメニューから［ファイルの場所を開く］でプログラムファイルの位置を確認できる他（プログラムフォルダー名から何ものかを類推する目安になる）、［オンライン検索］で該当プロセスの情報をWebで探ることが可能です（Web情報にはフェイクも含まれるため、あくまでも参考程度にします、図4-15-3）。

　また、マルウェアプログラムの多くは「OS起動時に読み込まれることが多い」という特性もあるので、OS起動時に自動的に読み込まれるプログラムを確認できる「タスクマネージャー」の［スタートアップ］タブも確認してみるとよいでしょう（図4-15-4）。なお、冒頭でも述べたとおり、**このタスクマネージャーによるプロセスの確認は上級者向け**です。無理にこの方法でマルウェアを探ることはお勧めしません。

図4-15-1：タスクマネージャーの起動

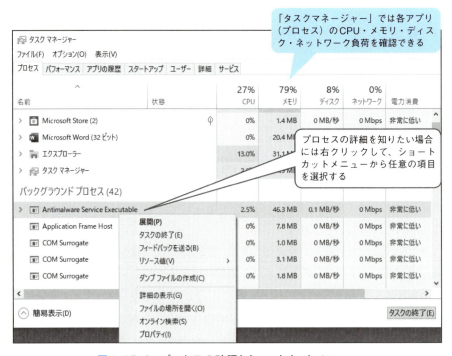

図4-15-2：プロセスの確認とショートカットメニュー

図4-15-3：プロセスのオンライン検索

図4-15-2で［オンライン検索］を選択した場合、プロセスの内容をWebで調べることができる。なお、Web情報にはフェイクや悪意への誘導などが含まれるため、情報は鵜呑みにせずにあくまでも参考程度にする

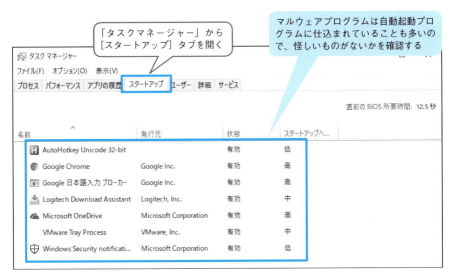

「タスクマネージャー」から［スタートアップ］タブを開く

マルウェアプログラムは自動起動プログラムに仕込まれていることも多いので、怪しいものがないかを確認する

図4-15-4：スタートアップの確認

ワンポイントアドバイス

「タスクマネージャー」で疑わしいプロセスを調べることができる。各種リソース消費やプログラムフォルダーなどでマルウェアプログラムの可能性を探ることができるが、全般的に上級者向けのテクニックだ

コラム PCが以前に比べて不安定になった場合はどうする？

　PCが以前に比べて不安定になったという場合には、物事を理論的に考えても「なんらかの設定や環境を変化した」ことによるものです。

　この変化がPCの物理的な故障（ハードウェアトラブル）ではない限り（ハードウェアの正常性確認は2章07項）、OSやアプリなどのソフトウェア的な変化が不安定の要因になっているという結論が導き出せます。

　ソフトウェア的な変化として、「OSの更新プログラム」「アプリの自動アップデート」「PCがマルウェアに侵されている」などが考えられますが、その前に確認したいのが「アプリやプログラムを自らインストールしていないか」という自身による任意のソフトウェア的な変更です。

　ちなみに任意にアプリ（プログラム）をインストールしたか否かは「アプリと機能（図4-0-1）」または「プログラムと機能（図4-0-2）」で確認できます。

　自身が任意に導入した新しいアプリが不安定な要因であることも多いため、原因と考えられるアプリは業務に支障がないことを確認した上で一度アンインストールしてみるとよいでしょう。

　アンインストール後にPC動作が安定した場合、そのアプリ（プログラム）が原因ということになります。

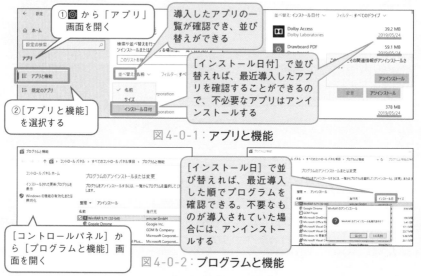

図4-0-1：アプリと機能

図4-0-2：プログラムと機能

第2部 | 実務編

Webブラウザの
管理と設定

Chapter

5

Section 01 [Webブラウズ] インターネット利用時の注意事項を全従業員で共有しよう

　WebブラウザでWebサイトを閲覧すると悪意に侵される可能性があります。全般的に確認すべき点としては「SSLサーバー証明書の確認（5章02項）」の他、「悪意に誘導されない（5章04項）」「Webブラウザのセキュリティ対策（5章06項）」「Webサービスのアカウント管理（5章11項）」などがあるのですが、根本的な対策としては従業員に「怪しいサイトにアクセスしない」よう指導することが肝要です。

「怪しいサイト」とは、どのようなサイトでしょうか？

　違法ダウンロードサイト、ゴシップまとめサイト、アダルトサイトなど、違法性の高いものが含まれる可能性があるサイトです。一般的な生活に置き換えても犯罪多発地帯や人通りの少ない場所に足を踏み入れれば、被害に遭う可能性が高くなるのと同様です（図5-1）。
　ビジネス環境として、業務に関係のないWebサイトへのアクセスは禁止してください。業務利用PCで業務目的以外のあらゆる行為の禁止を従業員に徹底するとよいでしょう。

怪しいサイトを閲覧しなければ、Webサイトからマルウェアに侵されることはないのでしょうか？

　現在のWeb構造は複雑なので、信頼のおける企業の公式Webサイトであっても悪意が存在しないとは言い切れません。例えば、公式Webサイトが乗っ取り被害に遭っている場合、フィッシングやマルウェア導入などの悪意に誘導されることがあります。また、Webサイト上に表示される広告の多くはコンテンツ連動型広告配信サービスを利用しているため、Webサイトの内容や訪れるユーザーに沿った広告が自動的に配信されています。この自動配信の中にはWebサイト運営

者が意図しない悪意のある内容や誘導がリンクとして表示されてしまっている場合もあります。

しかしこのようなパターンであったとしても、不要なリンクを踏まない、余計なプログラムをダウンロードしないなど本書全般で述べている注意点を守れば、Webサイト閲覧だけでマルウェアに侵されることはほぼありません。

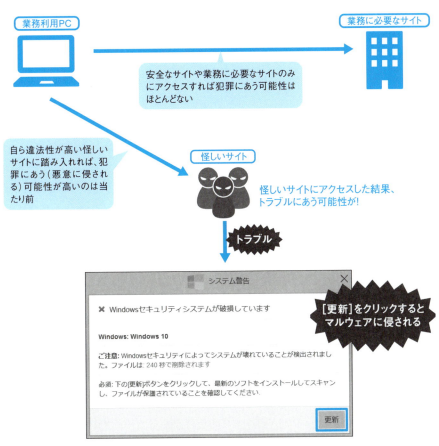

図5-1：怪しいサイトにアクセスするリスク

ワンポイントアドバイス

Webブラウズにおいては「怪しいサイトに自ら立ち入らない」という基本姿勢が大切。違法性の高いサイトにアクセスすれば、悪意に侵される可能性が高まる

Section 02 ［Webブラウズ］
SSLサーバー証明書による Webサイトの安全性

　信頼できるWebサイトかどうかを判断する目安のひとつが、Webブラウザのアドレスバーに表示されるマークになります。🔒（鍵マーク）ではなく、「ⓘ（保護されていない通信）」である場合には、通信が暗号化されていないWebサイトであることを意味します（マークはWebブラウザのタイトルによって異なります）。

つまり、「保護されていない通信」と表示されていたら怪しいサイト、それ以外なら安全ということですね

　そうではありません。順を追って説明すると「🔒（https://～で始まるアドレス）」は、「SSLサーバー証明書」を取得し、通信を暗号化していることを意味します。ただし、**悪意のあるサイトでも通信を暗号化している場合があるので、SSLサーバー証明書があるから安全とは言い切れません。**

　一方「保護されていない通信」と表示されるWebサイトは、通信を暗号化していません。フォーム入力などで閲覧者が送信する情報がある場合、外部に情報が漏れる危険性があります。ただし、情報を公開しているだけのWebサイトであれば、閲覧者は受け身の状態なので危険性があるとは言えません。

　しかし、**現在のWebサイト管理のトレンドとしてはSSLサーバー証明書は常識**ですから、「保護されていない通信」と表示されるWebサイトはWebサイト管理者や運営者のセキュリティ意識が低く、古いコンテンツであると考えられます。安全性の低いコンテンツなどが存在する可能性があるため、悪意の有無とは別にセキュリティ対策を怠っているWebサイトだと言えるでしょう。

なるほど。つまり🔒があっても安全ではない可能性があるのですね。安全なWebサイトはどうしたらわかるのでしょうか？

SSLサーバー証明書には「ドメイン認証」「企業実在認証」「EV認証」といった種類があります。これは🔒の周囲の表示情報やクリックして証明書を確認することで判別できます（図5-2）。

　「企業実在認証」と「EV認証」は簡単には取得できないSSLサーバー証明書なので、一般的には安全なサイトと認識して構いません。

　逆の言い方をすると、金品をやりとりするサイトであるにもかかわらず、「企業実在認証」や「EV認証」を取得していなければ信頼性が低いサイトということになります。特に、銀行や証券会社のWebサイトにおいて「EV認証」を確認できない場合、偽装サイトである可能性が非常に高いので注意が必要です。

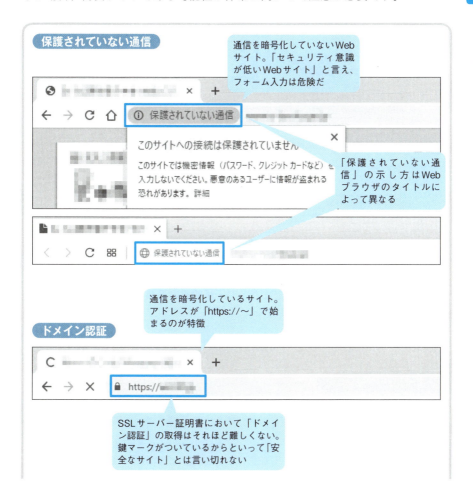

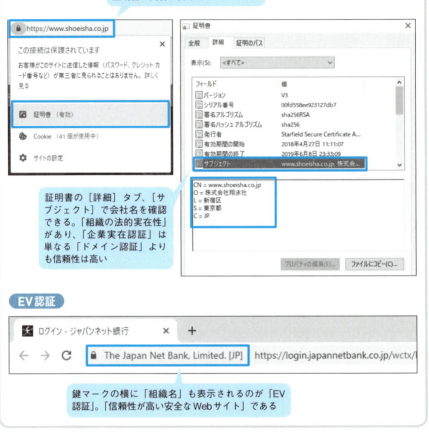

図5-2：SSLサーバー証明書の種類

ワンポイントアドバイス

安全なサイトを判断するには「SSLサーバー証明書」が1つの目安になる。「ドメイン認証」は簡単に取得できるので安全とは言い切れないが、「企業実在認証」「EV認証」は取得するためのハードルも高いため安全なWebサイトと考えてよい

Section	［Webブラウズの理論と注意］
03	**Webサイトの閲覧時にこちらから送信している情報とは？**

　Webサイトを閲覧していると、家庭用テレビでチャンネルを変更しているような受け身感覚になってしまいますが、**実際は自身の情報を相手側に送信すること**でWebブラウズが実現しています。

> Webサイトを見るだけで自分の情報を送信しているというのは、いまいちピンときません

　私たちがインターネット接続を行い、相手側のWebサーバー（WebサイトやWebサービスはWebサーバーで管理されています）にアクセスした際、相手側はこちらのリクエストに応えるために、こちら側のインターネット上の住所にあたるグローバルIPアドレス（2章01項）を必要とします。

　またこの他、Webページ表示を最適化するなどの理由で、「OS情報」「ブラウザ情報」「JavaScriptの有効無効」「画像解像度」などの情報を相手側のWebサーバーに送信しています。

　同じWebサイトの同じURLアドレスにアクセスしても、PCとスマートフォンでWebサイトの表示や構造が異なる場合がありますが、これは閲覧者側が必要な情報を送信していることで実現しているのです（Webサーバー側は、閲覧者側のOS名や解像度の情報を得ているから表示を最適化できるのです）。

> えっと、ではWebサイト側は、Webサイトにアクセスしている閲覧者側の住所や会社名は把握できないということでしょうか？

　Webの閲覧において、自分が相手側にどのような情報を送信しているかは、「確認君+」などのWebサービスで確認することができます（図5-3-1）。

　簡単に言ってしまえば、Webサーバー側はアクセス側（閲覧者側）の情報とし

てはグローバルIPアドレスやWebブラウザ名などごく一部の情報しか把握できません。

この事実を踏まえれば、Webブラウズ時に「システムが破損している」「マルウェアに侵されている」などと表示されても、相手がそのようなPCの詳細情報を把握することはできないことからも、警告表示は「ウソ（偽装警告）」であることが理論的に導き出せます。

また、一般回線においては割り当てられるグローバルIPアドレスは周期的に変化する仕様であるため（この仕様ではなく一般契約でも固定IPアドレスを割り当てるインターネットプロバイダーも存在します）、**基本的にWebサーバー側は閲覧者側の会社名や住所などの詳細までは把握できません**※。

では、Webサービス運営会社などは、もし誰かの嫌がらせで被害を受けても、相手を把握する手段はないのでしょうか？

インターネットプロバイダーは、どの時間帯に、どの回線にグローバルIPアドレスを割り当てたという情報は把握しています。

ですので、Webサーバーの持つ情報と紐づければ、「いつ、どの回線で（誰が）、何をしたか」の最終的な判断は可能です（図5-3-2）。

一般的にインターネットプロバイダーは契約者情報を第三者に開示しませんが、法に触れるレベルの悪意や、しつこいいたずらなどを行った場合には開示されるため、加害者は特定され、訴えられる可能性があります。

このような事実を踏まえても、ビジネス環境においては業務に関係のない不要なWebサイトへのアクセス、不要なチャットやSNSへの書き込み、違法性の高い業務に不要なファイルのアップロードやダウンロードは避けなければなりません。会社回線を隠れみのにして自分の趣味や、法に触れるようなインターネット利用を行わないよう、従業員全員に周知徹底してください。

※固定IPアドレス契約しているWebサービス運営会社や、大手企業、学校法人などを除きます。

図5-3-1：Webサイト閲覧で相手に送信される主な情報

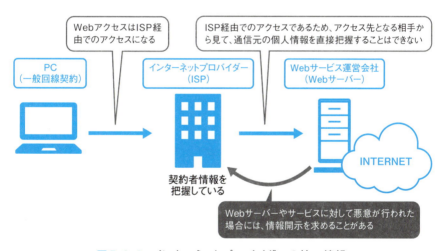

図5-3-2：インターネットプロバイダーの持つ情報

ワンポイントアドバイス

WebブラウザからWebサイトに通常アクセスした際、基本的には「グローバルIPアドレス」などの情報が送信されるだけで、相手側は「こちらのPC状態の詳細」や「アクセスしている個人名」などを把握できるわけではない

Chapter 5　Webブラウザの管理と設定　145

Section 04 ［マルウェアへの誘導対策］
「ウィルスに感染した」などの誘導を信じてはいけない

　Webサイトを閲覧していると「ウィルスに感染した」「ファイルが破損しているのでこのプログラムの導入が必要」「PCに問題があるので連絡を」などのメッセージが表示されることがあります（図5-4-1）。

「ウィルスに感染しています、ソフトを更新して保護してください」と表示されました、どうしましょう!?

　よく考えてみてください。Webサイトに通常手順でアクセスした場合に相手側に送信される情報は限られています（5章03項）。つまり、相手側が「こちらのPCがウィルスに感染している」などは知る術がないため、つまりは「偽装警告」です。

あ、Webサイトを開いたらファイルが壊れたようです。「ファイル修復するにはダウンロード」と表示されていますが、ダウンロードして良いですか？

　……きりがないのでまとめますね。Webサイトを閲覧している際に何らかの警告が表示されたら、まず冷静になって相手のメッセージを疑うことが必要です。
　Webサイトを閲覧している際に「感染」「破損」「問題」などが表示された上で、なんらかの誘導（ダウンロードやアップデート、インストールなど）が存在する場合は、すべて詐欺であり偽装警告です。
　この偽装警告が促すがままに操作してしまうと自身でマルウェアプログラムの実行を許可したことになるため、踏み台として他社のサーバーを攻撃する、ランサムウェアに侵されてPCがロックして操作不能になる、デスクトップやドキュメントフォルダーのファイルが勝手にアップロードされる、などといった深刻なマルウェア被害が発生します。

> ええ!?　警告されたから従おうとしただけなのに……

　このような**偽装警告の多くは、違法性が高いサイトに自らが進んでアクセスした際に表示されます**。はっきり言ってしまえば、ビジネスに不要なWebサイトにアクセスした（あるいは誘導されて不要なリンクをクリックした）からこそ、このような偽装警告が表示されるのです。

　ビジネスで利用するPCでは、不要なWebサイトへのアクセスを避けることを周知徹底してください。

> ……まだ偽装警告らしきものが表示されたままの状態なのですが、どうすればよいでしょうか？

　偽装警告はWebブラウザ機能の範囲で表示されることがほとんどです（Webブラウザでの表示やポップアップなど）。よって、**Webブラウザを終了することで虚偽警告も閉じることができます**。なお、通常手順でWebブラウザを閉じることができない場合には強制終了します（図5-4-2）。

　ちなみにこのような偽装警告が表示されるWebサイトにアクセスしている時点で、マルウェアに侵されている疑いはあるため、「ウィルススキャン」を実行して安全性を確認することを推奨します（4章06項）。

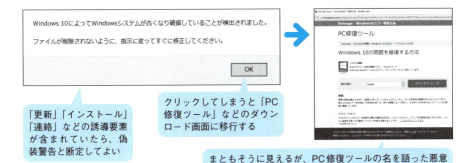

図5-4-1：システム破損を語る偽装警告

Chapter 5　Webブラウザの管理と設定　147

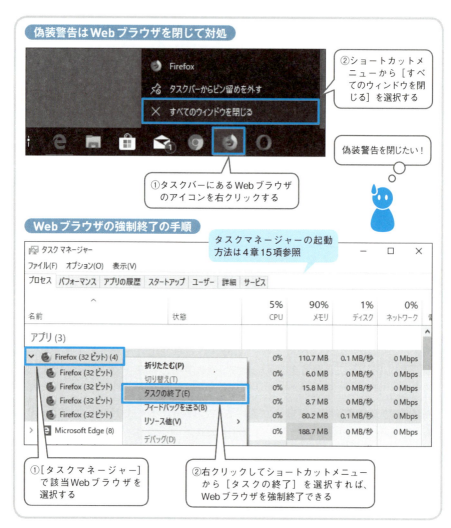

図 5-4-2：Web ブラウザを閉じる方法

> **ワンポイントアドバイス**
>
>
> Web サイト閲覧時に表示されたメッセージに、何らかの「誘導」が含まれている場合にはすべて嘘なので、すぐに閉じて OK。なお、PC がマルウェアに侵されていないか心配であればウィルススキャンでチェックしよう

Section 05 ［マルウェアへの誘導対策］
巧妙な偽装サイトにだまされないための方法

　Webサイトは任意のコンテンツであるため、事実上どのようなメッセージでも表示することができます。

　SNSやメール、Webサイト内のリンクから「無料提供」「プレゼント」などと表示された「偽装サイト」に誘導された場合、フィッシングによりWebサービスのアカウント（ログインパスワードなど）が盗まれる可能性がある他、リンク先にあるプログラムをインストールすればPCがマルウェアに侵される可能性があります。

> え、でもこの画面の日本郵便のキャンペーン広告は本物ですよね!? アンケートに答えるとiPadをもらえるらしいです（図5-5）。

　早速だまされています。このようなWeb表示はフィッシングかマルウェアへの誘導です。だいたい日本郵便が、無作為にこんなキャンペーンをすると思いますか？

> いやいや、アドレスが「https://japanpost〜」でSSLサーバー証明書付きですから本物ですよ!

　向こうは詐欺のプロです。最近は悪意も巧妙になっていることに注意してください。

　まず、SSLサーバー証明書における「ドメイン認証」は比較的誰でも簡単に取得できます（5章02項）。また、任意のドメイン名を取得した者は「サブドメイン」を自由に命名できます。

　つまり、サブドメイン名が「聞いたことのある企業名」だからといって、そのサイトを信頼することはできません。**むしろサブドメインが有名企業と同一文字列になっていることのほうが怪しいとも言えます。**図5-5のアドレスにおける

「japanpost」の部分はサブドメインですので、つまり「日本郵便のふりをした偽装サイト」ということです。

えー、判断が難しいです。ドメインとか言われても……

　ネットワークの世界では、次々と新しい技術やルールが生まれたり改定されたりします。ドメインなどの知識も持っていたほうが望ましいですが、それよりも「誘導には乗らない」「Webサイトやメッセージ内のリンクは必然性がない限りクリックしない」「業務に関係ないWebサイトにはアクセスしない」という姿勢を遵守するようにしてください。

https://japanpost.dailyoffertoday.online/cc-grwgoi-nttbe-43t9v-ewoiog-2490

ドメイン取得者は、任意にサブドメインの命名が可能なので、この文字列はなんの目安にもならない

悪意あるものにとってロゴの無断転載や偽造は造作もないこと

「ドメイン」「時間制限」「誘導」「無料提供」などの要素を考えると「偽装サイト」である。何もクリックせずにウィンドウを閉じて対処しよう

図5-5：日本郵便を装ったプレゼント画面

ワンポイントアドバイス

悪意の手口は巧妙であるため、「Webサイトやメッセージ内のリンクは必然性がない限り開かない」「仕事に必要がないあらゆる誘導を拒否する」という姿勢を徹底することがセキュリティ対策になる

Section 06 [Webブラウザの管理]
Webブラウザの管理はOS同様に気を配ろう

　Webサイトを閲覧する際に利用するアプリがWebブラウザ（Microsoft EdgeやGoogle Chrome、FireFoxなど）です。WebブラウザはWebサーバーからWebサイトの情報（HTMLや画像ファイルなど）や構造、スクリプトなどを解読した上で、ユーザーにWebページとして表示します。

　実は「Webブラウザ」は、ある意味OSと同じくらいセキュリティ対策に気を配る必要があります。

Webブラウザのセキュリティ対策は、考えたこともなかったです。どうすればよいでしょうか？

　Webブラウザもアプリ（プログラム）です。悪意あるものは脆弱性というプログラムの弱点を突いてきます。つまり、悪意あるものの立場からすると、脆弱性対策が行われていないWebブラウザは極めて美味しいターゲットになります。

　よって、**Webブラウザは常に最新版にアップデートして脆弱性対策を行う**ことがセキュリティ対策として必要です。一般的なWebブラウザの最新版への更新は自動的に行われますが、手動確認してアップデートすることも可能です（図5-6-1）。

　また、Webブラウザは「拡張機能（プラグイン）」で様々な機能の追加が可能です（図5-6-2）が、この機能拡張には便利なものも多数存在する反面、悪意が含まれるものも存在します。

　OSにアプリを導入すればするほどマルウェアに侵されるリスクが高まるのと同様、**Webブラウザに余計な拡張機能を追加することは悪意あるものから見て攻撃対象やスキが増えることを意味します**（拡張機能そのものがマルウェア本体の可能性もあります）。

　拡張機能の一部はWebブラウズにおける通信を処理（解読）して成り立っていることを考えても、拡張機能には情報漏えいなどの危険性もあるため、ビジネスに必須なもの以外は導入しないという姿勢が必要です。

図5-6-1:Webブラウザの最新確認とアップデート

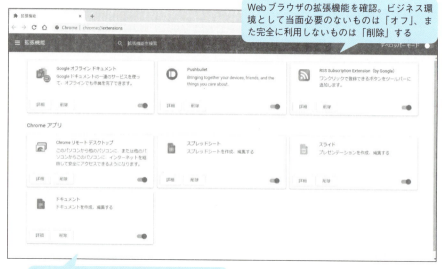

図5-6-2:拡張機能の確認と無効化

ワンポイントアドバイス

Webブラウザもアプリ(プログラム)なので脆弱性対策のためにアップデートが必要だ。また「拡張機能(プラグイン)」もプログラムであるため、ビジネスに必須な機能以外は導入を控えよう

Section 07 [Webブラウザの管理]
Internet Explorerは可能な限り使わない

　任意のWebサービスなどを利用する場面では、Webブラウザを活用しなければなりませんが、この際セキュリティ対策として**Internet Explorerを利用しないことが強く推奨されます。**

え!?　WindowsといえばInternet Explorerが標準かつ基本ですよね？

　確かに、以前はInternet Explorerを利用することが一般的であり、基本でもありました。

　これはWindowsに標準搭載されていたWebブラウザがInternet Explorerであり、実際のWebサイト管理（Webサイト運営側）においてもユーザー数が多いInternet Explorerに最適化することが推奨されていたためです。

　このようにInternet Explorerはデファクトスタンダードであったため、あらゆる場面で活用できるように様々な機能が搭載されてきました。Internet Explorerが搭載する機能の一部には、現在ではまず使われなくなった技術もあるのですが、古い設計のWebサイト（Webページ）、Webサービス、Webアプリ、拡張機能（〜ツールバーなど）との**互換性を維持するために現在でも古い機能が保持されて**います。

機能がたくさんついているなら、便利でいいんじゃないですか？

　いいえ。**Webブラウザの機能が豊富であることは、セキュリティリスクの機会を増やしている**とも言え、実際に古い機能も受け入れられる構造にあるInternet Explorerは多くの脆弱性を含んでいます。

　つまり、セキュリティの側面から見た場合、Internet Explorerを利用すること

は非常にリスクがあるのです。

では、WindowsでWebサイトを見たい場合にはどうすればよいのでしょう？

Windows 10標準のMicrosoft Edgeを利用するとよいでしょう。

Microsoft Edgeは、いい意味で余計な機能を搭載していないのでセキュアであるほか、メモ機能や音声読み上げなどの実用性が高い機能が充実しています。

なお、Microsoft Edgeに対して機能の不足やWebサイト動作の不具合を感じる場合には、サードパーティ製WebブラウザであるGoogle ChromeやFireFoxなどを任意に導入して利用します。

Internet Explorerの利用は、社内システムや公共サービスにおいてどうしても動作対応しないという場面のみにとどめるようにしましょう（図5-7）。

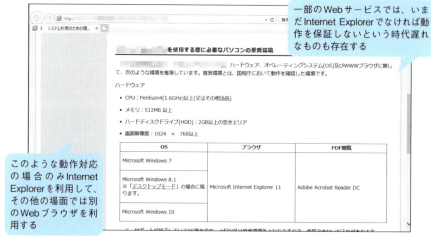

図5-7：Internet Explorerを利用しなければならない場面

> **ワンポイントアドバイス**
>
>
>
> Internet Explorerを日常的に利用することはセキュリティリスクを増やす行為である。Internet Explorerの利用はそれしか動かないというWebサイトやサービスのみに留めよう

Section 08 ［Webの履歴情報］
プライバシー情報を残さずにWebサイトを閲覧するには？

　WebブラウザではWebサイトを閲覧した際に、様々な履歴情報をPC内に保存します。具体的には「Web閲覧履歴」「Webページのキャッシュ（HTMLや画像のファイル）」「Cookie（Webサイトに訪問した情報）」「各Webサービスのアカウント（ユーザー名とパスワードを保存した場合）」などです。

　これらは、WebサイトやWebサービスに再訪問する際に再利用され、表示速度や利便性を高めています。

> 履歴を残すというのは、
> セキュリティ的に問題がないのでしょうか？

　Webサービスを利用する場面ではWebブラウザに履歴情報を残したくないという場面もあります（別のアカウントで一時的に別の作業をしたい場合など）。

　また、他社や他の人にPCを借りる場面、公共施設のPCを利用する場面などでは、そもそも**履歴やパスワードがWebブラウザに保存されてしまうと、他者による再利用や悪用の可能性があるためまずいという場面もある**でしょう。

> でも、Webブラウザは自動的に履歴を
> 残してしまうのですよね？

　そんな時に活用したいのが「プライベートブラウズ」です。プライベートブラウズはWebブラウザによって呼称が異なり、「シークレットモード（Google Chrome）」や「InPrivateブラウズ（Microsoft Edge）」とも呼ばれます。履歴情報を保存しないため、後に他者に情報を再利用されないという側面でセキュアなWebブラウズになります（図5-8）。

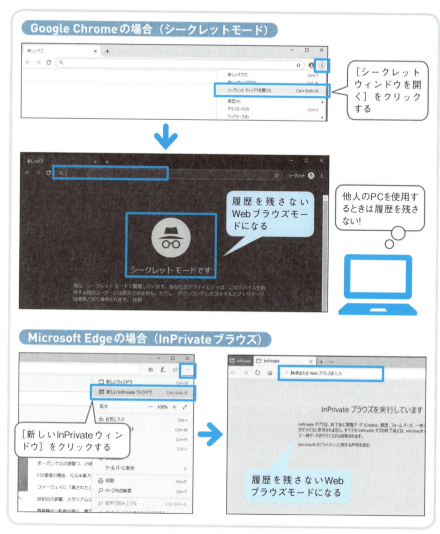

図5-8：プライベートブラウズに切り替える手順

ワンポイントアドバイス

Webブラウザに自動的に保存されるあらゆる履歴を残したくない場合には「プライベートブラウズ」が有効。特に他社や他の人のPCを借りる場合、公共施設などのPCでWebサイトを閲覧する場合に活用しよう

Section 09 ［Webブラウザ設定］
Webブラウザの便利機能は取捨選択しよう

　現在はWebサービスも多様化しているため、Webブラウザは様々な便利機能があらかじめ備えられています。

　しかし、それらのWebブラウザ標準の便利機能の中にはビジネス環境に必要がないものがあり、その便利機能が引き金になって悪意に侵されてしまうこともあります。

悪意に侵される原因になる機能って、どのようなものですか？

　例えば、Webブラウザの持つパスワード保存機能は、Webサービスなどを利用する際に必要なログイン情報を保持・再入力してくれます。しかし、他者にWebブラウザを利用された場合や「同期機能」などを利用していて該当アカウントのパスワードが破られると、結果的にWebサービスの悪用や乗っ取りの原因になりかねません（図5-9-1）。

　また拡張機能の危険性については5章06項でも解説しましたが、Webブラウザに標準搭載されている機能であっても拡張機能相当のもの（一般的なWebブラウザには搭載されていない独自機能）も存在するので、標準搭載であっても利用する機会がなければ無効にすることが推奨される機能もあります。

無効にしたほうがよい機能とは、例えばなんですか？

　例えばMicrosoft EdgeはWebブラウザとしては珍しく「Adobe Flash Player」を内蔵しています。しかし、**Flashコンテンツはセキュリティとしてリスクがある**ので、必然性がなければ機能を無効にすることが推奨されます（図5-9-2）。

　その他、Webブラウザのタイトルによっては標準になっている「前回開いてい

たページの再表示」も、無効にすることが推奨されます（図5-9-3）。

　これはプレゼンテーションや操作説明の場面などで自分のPC画面を他者に見せる際、思いがけず重要な情報が含まれるWebページを見せてしまう可能性がある他、悪意に侵されたサイトを閲覧してしまった場合などは強制終了しても、「前回終了時に表示されていた悪意に侵されたサイトが再表示される」というループに陥ることがあるからです。

　なお、各種Webブラウザの便利機能は必ずしもマイナスに働く機能ではないため、ビジネス環境やPCの利用スタイルに合わせて有効と無効を任意選択するとよいでしょう。

なるほど。他に絶対に確認しておいたほうがよいWebブラウザの設定はありますか？

　Webブラウザのタイトルによっては、リンクをクリックするとすぐにダウンロードを開始して、ファイルの種類によってはそのままアプリで開くという設定が可能です。

　しかし、リンクのクリックだけでファイルが開かれてしまう動作は即マルウェアに侵される危険性があるため、**必ずファイルの種類を確認してからダウンロードする設定**にします（図5-9-4）。

図5-9-1：Webブラウザのパスワード保存

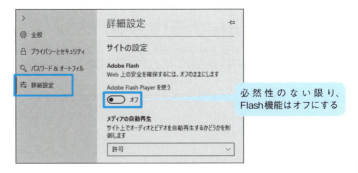

図5-9-2：Flash機能を無効にする（Microsoft Edge）

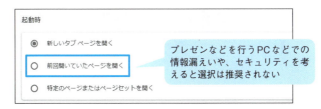

図5-9-3：Webブラウザ起動時の再表示を無効にする設定

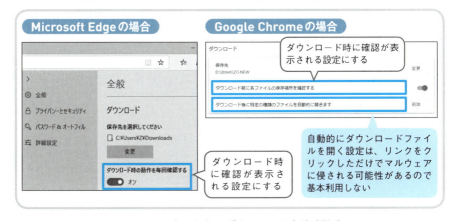

図5-9-4：意図しないダウンロードを防ぐ設定

ワンポイントアドバイス

ビジネス環境に求められるセキュリティを踏まえて、Webブラウザの不要な自動機能は無効にし、要所で確認してから操作を行える設定を適用する。便利機能の多くは管理を曖昧にさせる部分もあることに注意しよう

Chapter 5　Webブラウザの管理と設定　159

Section 10 [同期機能]
Webブラウザの同期機能の利用は控えよう

現在のWebブラウザのトレンドになっている機能の1つが同期機能です。同期機能を有効にすることにより、「お気に入り（ブックマーク）」「履歴」「各Webサービスのログインパスワード情報」などの情報を別のPCやスマートフォンなどでも共有することができます（図5-10）。

とても便利そうな機能ですね

個人利用するPCにおいては、同じタイトルのWebブラウザで保存した情報を他のPCやスマートフォン間で共有できるため便利な機能と言えます。

しかし、ビジネス環境の場合、この同期機能を利用することはWebサービスのアカウント情報全般（ユーザー名とパスワード）をサーバーに送信して保存していることと等しくなります。**「Webブラウザで同期設定したアカウント」が漏えいした場合には、サーバーに自動保存されたすべての情報が悪用されてしまう可能性がある**のです。

クラウドサービスのアカウント・SNSのアカウント・メールのアカウント・金融のアカウント・CMSのアカウントなど、Webブラウザから自動送信された各種情報がまとめて漏えいする要因になりかねないのが同期機能であり、悪意あるものに利用された場合には甚大な被害が起こりえます。

……考えただけでもゾッとしますし、クビになるどころの話ではないですね

「Webブラウザで同期設定したアカウント」で二段階認証などを設定することで、ある程度セキュリティを確保することはできます。しかし、人の出入りがあるビジネス環境でのWebブラウザの同期機能全般は、アカウントをセキュアかつ確

実に管理できる環境ではない限り利用しないことが推奨されます。

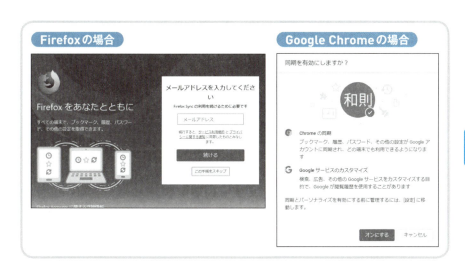

図5-10：Webブラウザ同期機能

ワンポイントアドバイス

Webブラウザの同期機能は便利である反面、該当アカウントが漏えいした場合にはWebブラウザで管理するすべてのWebサービスの情報が漏えいする危険性がある。アカウントを安全に管理できないのであれば利用を控えよう

Section 11 [Webサービス管理]
Webサービスのアカウントを安全に管理しよう

　各種Webサービス（クラウド、SNS、メール、ファイル送信、金融、EC、レンタルサーバーなど）を利用するときはアカウント情報として「メールアドレス」と「パスワード」を登録するのが一般的です。
　この登録の際、**他のWebサービスと同じメールアドレスとパスワードの組み合わせにしない**という管理がセキュリティ対策の基本になります。

> 同じ組み合わせにすれば、覚えやすくて各Webサービスにログインしやすいと思うのですが、ダメでしょうか？

　アカウント情報は漏えいする危険性があるので、同じ組み合わせは避けてください。
　仮に私たちがアカウント情報を確実に管理していたとしても、**肝心のWebサービス側が情報漏えいしてしまうという事例もあります**（図5-11）。
　古いシステムのままセキュリティアップデートを行わずに管理しているWebサービスも存在するため、Webサービス（相手のWebサーバー）に預けている各種情報は残念ながら確実に安全とは言い切れないのです。
　仮にWebサービスAからアカウント情報が漏えいした場合、悪意あるものは同じメールアドレスとパスワードの組み合わせで、WebサービスB、WebサービスC、WebサービスD、WebサービスE……と総当たりでログインを試みます。
　したがって、**1つのWebサービスからアカウント情報が漏えいしただけで、他のWebサービスも被害に遭う**恐れがあるのです。

> なるほど、具体的にどう管理すればよいですか？

　各Webサービスのアカウントとして、同じパスワードを利用しないことを絶対

条件としてください(パスワードについては5章12項も参照)。

そしてもう1つ重要なのが、**普段連絡に利用しているメールアドレスをWebサービスのアカウント情報として登録・利用しない**という工夫です。

広く知られてしまっているメールアドレスは、悪意あるものから見ると、なりすましメッセージ(「ログインして確認してください」「料金が未払いです」などのウソ)を送る格好の対象です。また、なりすましメッセージが送信されてきたときに本物と見分けがつきにくくなります。「パスワード総当たり攻撃(ブルートフォースアタック)」で、Webサービスにログインされてしまう可能性も否定できません。

一方、普段使っていないメールアドレス(誰とも連絡を行っていないメールアドレス)であれば、フィッシングなどの悪意のあるメッセージが来る可能性がほとんどない他、そもそも悪意あるものに知られる機会がないため、パスワード総当たり攻撃も無効化することができます。

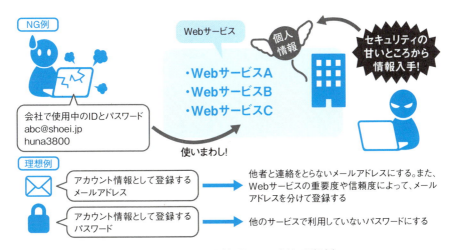

図5-11:アカウント管理のNG例と理想例

ワンポイントアドバイス

Webサービスのアカウントは、「他のサービスと同じパスワード」を絶対に利用してはいけない。またメールアドレスを使い分けるなど、アカウント情報が漏えいした場合でも被害を最小限にする工夫をしよう

Section 12 [Webサービス管理]
安全なパスワード設定と管理の仕方を知っておこう

　Webサービスに登録する際のアカウントのパスワード設定は、**他のWebサービスで利用しているパスワードの使い回しは厳禁**とし、**また単純な文字列は避ける**という基本を遵守します（図5-12-1）。

単純な文字列を避けるためにはどうすればよいでしょうか？

　長さと複雑さに着目します。一般的なパスワードとしては「数字の羅列のみ」「英小文字＋数字」「長さとして8桁（8文字）」などがよく利用されているため、この特性を避けるように工夫します。

　具体的には「**英大文字＋英小文字＋数字の混在した文字列でかつ9桁以上（9文字以上）の規則性がないもの**」が良いでしょう。

パスワードの定期的な設定変更は必要でしょうか？

　識者によって見解が分かれますが、基本的に「定期的なパスワードの変更は必須ではない」と考えてください。これはそもそも「破られてもいないパスワード」を変更する理由はないことに加え、**定期的な変更はパスワード入力の場面を増やすことになり結果的に漏えいの機会も増やしかねない**からです。

　ただし、パスワードが漏えいしている可能性を少しでも感じた場合には、速やかにパスワードを変更することが求められます。

パスワード管理で必要なことは何でしょうか？

人前でパスワードを入力しない、PINなどのパスワード以外の認証を使う、「セキュリティキーボード（物理キーボードを利用しない入力）」を利用するといったことが挙げられます。

また、「ハードウェアトークン」「スマートフォンアプリ認証」「SMS認証」といった**二段階認証をサポートしている場合には積極的に活用するようにします**（図5-12-2）。

パスワード設定	パスワードの使いまわしはNG	他のWebサービスで利用しているパスワードは利用しない
	複雑な文字列	単純な文字列を避け、規則性のない「英大文字＋英小文字＋数字の混在した9桁以上」の構成が望ましい
パスワード管理	二段階認証	重要なWebサービスにおいては「二段階認証」や「ワンタイムパスワード」などの機能を有効にして、「パスワード入力のみによるログイン」を許可しない設定を適用する
	パスワードの変更	異なる場所でログインされた履歴や通知などがあった場合、パスワード漏えいの可能性があるためパスワードを変更する（この際、該当メッセージのリンクはクリックせずに公式サイトからログインする）

図5-12-1：パスワード設定・管理のポイント

図5-12-2：ログインの安全性を確保する二段階認証

ワンポイントアドバイス

アカウントのパスワードは、単純な文字列を避け、また他のサービスと同じパスワードを使いまわさないのが基本。Webサービスが二段階認証に対応している場合には、積極的に活用してセキュリティ対策を行おう

コラム 自社でWebサイトを運営している場合に注意すべきこと

　自社でWebサイトを運営している場合、注意を怠ると自社Webサイトの閲覧者のセキュリティを脅かす可能性があります。

　具体的にはFlashコンテンツや古い広告コンテンツを配置しているWebサイトはNGです（Webサイトのトップページから Flashコンテンツを配置している、配信終了した広告を掲載しているなど）。また「SSLサーバー証明書」の取得も常識で、設計が古いWebサイトについては管理や構成を見直す必要があります（常時SSL化する場合アドレスが「http://」が「https://」に変化する他、Webページから読み込むファイルも全て「https://」からのアクセスになるため再設計が必要になります）。Webサイトの信頼性の低さは、結果的に自社そのものの信頼を傷つけかねません。

　なお、Webサイト管理のトラブル事例として「Webサイトを作成した担当者が引継ぎもなく退社して、管理ができていない」「制作会社が倒産して、Webサイトを更新できていない」などという話を聞きます。このような場合には、「ドメイン（任意にドメインを取得している場合）」「レンタルサーバー」「CMS」などの各種アカウントとパスワードを確認する必要があります。

　なお、すべてのアカウントとパスワードがわからない場合でも、最低限「ドメイン」だけ確認できれば、ドメインに紐づけるレンタルサーバーのアドレスを変更することで新たなWebサイトの運営ができます。

図5-0：Webサイトのドメインとサーバー知識

第2部 | 実務編

社内ネットワーク

Chapter

6

Section 01 ［ルーター設定］
ルーターの役割を再確認して対策しよう

「ルーター」の主な役割は「DHCP（Dynamic Host Configuration Protocol）」と「NAT（Network Address Translation）」という機能にあります（図6-1）。オフィス内で言えば、DHCPで社内ネットワーク（ローカルエリアネットワーク）上の機器にプライベートIPアドレスを発行する役割と、NATで社内ネットワーク（プライベートIPアドレス）とインターネット側（グローバルIPアドレス）のアドレス変換を行う役割を持っています（2章03項）。

ルーターは複数のPCでインターネット通信を可能にするなど、ネットワークの中心となる制御機器なので、**ルーターのセキュリティ対策は必須と捉えてください**。

現在ルーターはとりあえず正常動作しているのですが、これでセキュリティは大丈夫でしょうか？

ルーターを初期出荷状態のまま利用している場合、ルーターの設定コンソールに誰でも簡単にアクセスできてしまう状態です（6章02項）。また、前任者がルーター設定を行ったままで放置されている環境では、**不要な機能が有効になっていないかを確認して、情報漏えいや不正アクセスの可能性を取り除く必要があります**（6章05項）。

ルーターが無線LAN機能を兼ねる「無線LANルーター」である場合には、無線LAN通信における暗号化設定などを再確認して、必要に応じて無線LANアクセスポイント設定やPCのWi-Fi接続管理を見直すと、ビジネス環境の無線LANセキュリティを飛躍的に高めることができます（6章08項）。

その他、ルーター管理で気をつけるべきことはありますか？

ルーターは各種ネットワーク通信を制御していますが、この制御を行っているのはルーターの内部のプログラムである「ファームウェア」です。ファームウェアに脆弱性がある場合、**ネットワークが危険にさらされるのでファームウェアアップデートも怠らないようにします**（6章04項）。

　なお、設置されているルーターが「無線LANルーター」である場合には、「ルーターとしての役割」と「無線LAN親機としての役割」は分けて考えると設定や管理がわかりやすくなります。

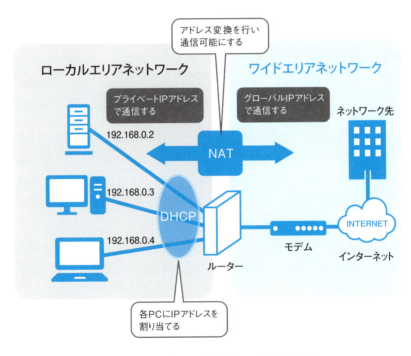

図6-1：ルーターの役割（NATとDHCP）

ワンポイントアドバイス

インターネット接続における通信の入出力制御や、各PCにプライベートIPアドレスを割り当てる「ルーター」の役割は極めて重要。ルーターを侵されないためにも各種設定を見直してセキュリティ対策を徹底しよう

Section 02 ［ルーター設定］
ルーター設定にログインしよう

「ルーター」は各種通信制御などを行う重要なネットワーク機器です。

にもかかわらず、初期出荷状態のままのルーターはローカルエリアネットワーク上の誰もがルーターの設定（ルーターの設定コンソール）にアクセスできてしまう状態になっています。

初期出荷状態では危険なんですね。
でも、どうして誰でもアクセスできるんですか？

ルーターの設定を行うためには「ルーターへのアクセスアドレス」「ユーザー名」「パスワード」が必要になりますが、ルーターへのアクセスアドレスは少しネットワークに詳しい人であれば探ることができます（初期出荷状態ではユーザー名とパスワードもメーカー・モデルごとに定められた文字列であることが多いため、ルーターに触れた経験があれば設定にアクセスできてしまいます）。

そして、ほとんどのメーカーではルーターのマニュアルをWebサイトに公開しています。**つまり誰でもルーター設定の方法を確認できてしまうので、初期出荷状態のままでは非常に危険なのです。**

ルーターを設定すれば、ローカルエリアネットワークの定義を変更できる他（PCに対するIPアドレスの割り当て方法など）、任意のPCとの外部通信を可能にする設定なども可能です。

では、早速ルーターの設定を行いたいと思います！
まず何からしたらいいですか？

ルーターもネットワーク機器の1つなので、PCのWebブラウザから「ルーターのアクセスアドレス」を指定することで、設定コンソールにアクセスすることができます。

ルーターのマニュアルに従って、「http://[セットアップ用のアドレス]」というかたちでアクセスアドレスを入力したら、ユーザー名とパスワードを入力してログインします（図6-2）。

　ちなみにルーターのアクセスアドレスは、ネットワークにおける「デフォルトゲートウェイアドレス」であることがほとんどなので、Webブラウザから「デフォルトゲートウェイアドレス」を指定してアクセスしてもよいでしょう。

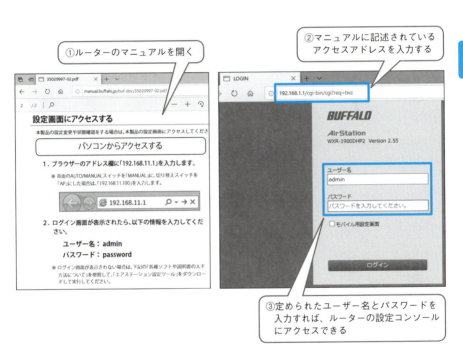

図6-2：ルーター設定コンソールにログイン

ワンポイントアドバイス

ルーターを設定するには、ルーターに接続したPC（あるいはルーターを中心とするローカルエリアネットワークに接続したPC）のWebブラウザから、ルーターのアクセスアドレスを指定してログインする

Section 03 ［ルーター設定］
管理者のみがルーターにログインできる設定にしよう

　誰でもルーターの設定ができる初期出荷状態は危険です。ログインしたら、まず「ルーターのログインパスワード」を任意のパスワードに変更しましょう。

ルーターの設定コンソールを開きましたが、どこで設定してよいのやら……

　ネットワーク用語というのは全般的に統一されていませんが、特に「ルーターの設定コンソール」におけるネットワーク用語の不統一はひどく、**メーカーやモデルによって同じ項目名であっても違う機能を示したり、あるいは同様の機能であっても異なる項目名**が割り当てられていたりします。ルーターのマニュアルを一度通読した上で各種設定を行うようにします。

　ルーターのログインパスワード（管理者パスワード）の変更は、設定コンソール内の「システム設定」や「管理者パスワードの変更」などのメニューで実行できます[※1]。

パスワード設定を行う際に注意すべき点はありますか？

　「ルーターのログインパスワード」を変更するということは、**以後ここで設定したログインパスワードでしかルーターの設定コンソールにアクセスできなくなることを意味します。**

　よって、社内でネットワークを管理する権限を持つものの間でパスワードをきちんと管理する他、「パスワードがわからなくなった」などの万が一の事態に備えて、ルーターをリセットして初期化する手順をあらかじめ確認しておきます（図

※1 メーカーやモデルによります。

6-3-1)。また、ルーター本体を初期化してしまうと「ルーターの設定のやり直し」が必要になってしまうため、「現在のルーター設定をファイルに保存」して、**ルーター設定を復元する方法も併せて確認しておく**とよいでしょう（図6-3-2)。

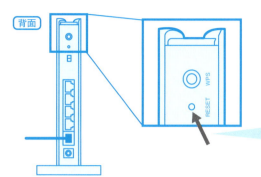

図6-3-1：ルーターリセットによる設定の初期化

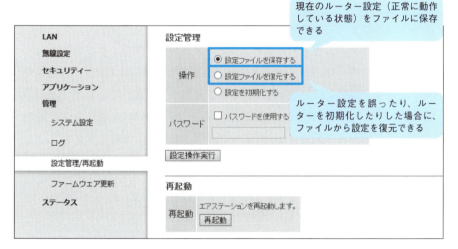

図6-3-2：ルーター設定をファイルに保存・復元

> **ワンポイントアドバイス**
>
>
> ルーターのログインパスワードを変更して、ネットワーク管理者以外がルーターを設定できないように管理することは重要なセキュリティ対策である。また、ルータ設定をファイル保存しておくとトラブル時に役立つ

Section 04 ［ファームウェア更新］
ルーターのファームウェアを アップデートしよう

　ルーターもネットワーク機器の1つですので、PCと同様のセキュリティ対策が必要です。

　PCではセキュリティ対策として脆弱性対策などのためにOSのアップデートが必要ですが、**ルーターにおいてはルーター本体を制御するプログラムである「ファームウェア」をアップデートしてセキュリティ対策を行います。**

ルーターのファームウェア更新はどのような手順で行えばよいでしょうか？

　ルーターのファームウェアの更新は、設定コンソール内の「ファームウェアアップデート」、「ファームウェアの更新」などのメニューで実行できます[※2]。

　一般的なルーターのファームウェアは「自動更新機能」に対応しているので、自動更新機能が適切な設定になっているかを確認するとよいでしょう（図6-4）。

　また、任意にファームウェアが更新可能なルーターであれば、現在の最新ファームウェアの更新内容を確認した上でアップデートを行うこともできます[※2]。

ルーターのファームウェア更新で気をつけるべきことはありますか？

　ルーターはネットワークを制御する装置であるため、**更新作業中はインターネットやネットワークに接続できなくなる**点に注意が必要です。つまり、PC作業をしていない時間帯にファームウェア更新を行うことが理想です。

　またファームウェアはルーターの根本的な制御を担うため、ときに「最新ファームウェアの不具合による問題発生」や「仕様変更による機能不全」などが起こり

※2 メーカーやモデルによります

えます。

　このようなトラブルに対応するためにもあらかじめ「ルーター設定をファイルに保存」しておくことと（6章03項）、ネットワークの基本設定となる「インターネット接続設定（PPPoE接続など）」や「DHCPサーバー設定（ルーターIPアドレス設定、割り当てIPアドレス範囲など）」といった重要設定は、別途メモしておくことをお勧めします。

　なお、根本的な話になりますが、ルーターにおいて「ファームウェア更新が行われていない古いモデル」や「脆弱性の存在が確認されているルーター」など、**サポートが終了したモデルはセキュリティリスクが高いため利用禁止です**（2章05項）。

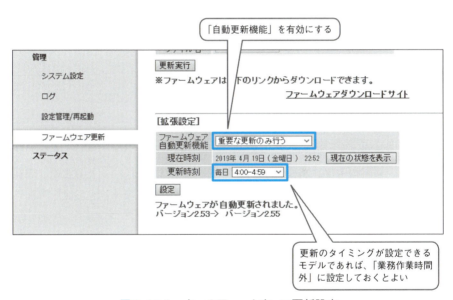

図6-4：ルーターのファームウェア更新設定

ワンポイントアドバイス

ルーターの通信の安全性を確保するためには、脆弱性対策としてファームウェアアップデートが必要。なお、ファームウェア更新中はルーター機能が停止するためメンテナンスのタイミングには注意しよう

Section 05 ［ルーター設定］

ルーター設定を見直して不要な設定がないか確認しよう

　ルーター全般の設定からネットワーク全体の動きや動作を把握できます。例えばルーターの主機能の1つであるDHCP（Dynamic Host Configuration Protocol）はいわゆるPCなどのネットワーク機器にIPアドレスを割り当てる機能です。**ルーター本体やネットワーク機器へのIPアドレスの割り当て範囲を確認しておきましょう。**トラブル時に何を修正すべきかを考える際の目安になります。「DHCPサーバー設定」※3では、ルーターのIPアドレス、PCなどのネットワーク機器に割り当てるIPアドレス範囲などを確認することができます（図6-5-1）。

ルーターのセキュリティ対策として、気をつけるべきことはありますか？

　ルーターは、初期出荷状態では余計な通信を行わないように、あらかじめセキュアな設定が適用されていることがほとんどです。
　ただし、以前のネットワーク管理者が不必要な設定を施していた場合や、現在はもう利用していない機能が許可されている場合は、「不必要な通信設定を不許可に設定する」という対策が必要になります。

不必要な通信設定とはどのようなものでしょうか？

　例えば、ポートマッピング（ポート変換）は、特定のポート番号の通信を特定のネットワーク機器に送信する機能です。PC側の設定と連携することにより、外部接続から任意PCのサービスに直接アクセスすることが可能になります。必要のないポートマッピングが有効になっている場合、PCをリモートする機能などに

※3 メーカーやモデルによって設定名は異なります

対して外部からの接続を許可していることが疑われます。

また、VPN（Virtual Private Network）はLANとLANを結ぶ仮想プライベートネットワーク機能で、外部のLANからネットワーク機器にアクセス可能になります。VPNが不要なビジネス環境であるにもかかわらず有効になっている場合、何者かがオフィス内のネットワークを日常的に利用していることが疑われます。

このように**各種通信設定においては、現在のビジネス環境に不必要な機能であれば無効、停止、削除などで通信を不許可にします**（図6-5-2）。

図6-5-1：DHCPサーバー設定の確認

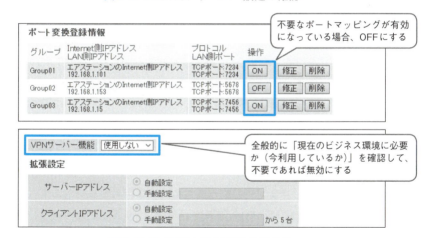

図6-5-2：不要な通信機能の無効化

ワンポイントアドバイス

ルーター設定を見直すとネットワーク環境の理解に役立つ。また前任者から引き継いだネットワーク環境などでは、余計な設定が有効になっていないかを全般的に確認しよう

Section 06 ［無線LAN管理］
無線LANの通信を安全に行う方法とは？

　無線LAN通信における情報漏えいや不正利用などによるセキュリティリスクは複数の要素で存在しますが、一般的な「家庭向けの無線LANセキュリティ」とは一部異なる点があることに留意します。
　ビジネス環境の無線LANセキュリティは、各種セキュリティ対策を踏まえて総合的に不正アクセスを許さない無線LAN環境を構築する必要があります。

無線LAN通信では、やはり通信を盗聴されてデータは漏れてしまうのでしょうか？

　いいえ。無線LAN親機における**アクセスポイント設定**で「**暗号化設定**」を適切に行えば**無線LAN通信傍受による漏えいは基本的に防ぐことができます**（図6-6-1）。
　無線LAN通信における「無線LANアクセスポイント設定（無線LAN親機側の無線LAN通信の設定）」はセキュリティ対策の第一歩と捉えてください。

第一歩？
暗号化設定以外にセキュリティ対策があるのでしょうか？

　そうですね、「暗号化＝安全」という単純構造にないのがビジネス環境です。
　「**悪意あるものに無線LANアクセスを許さない**」、「**仮に第三者が無線LANアクセスを行えたとしても、データファイルへのアクセスは許さない**」という万全を期した管理（図6-6-2）が必要です。
　ビジネス環境によっては従業員からのパスワード漏えいや、退職後の不正アクセス対策も考える必要があります。

む、難しそうですね

　それを防ぐには7章で解説している「共有フォルダーに対するアクセス制限」などの総合的な環境構築が必要になります。無線LAN通信に限って言えば「Wi-Fi接続パスワードを従業員に教えずに接続管理（6章09項）」や「ネットワーク分離（6章11項）」など、ビジネス環境任意でセキュリティ対策を選択します。

図6-6-1：暗号化設定

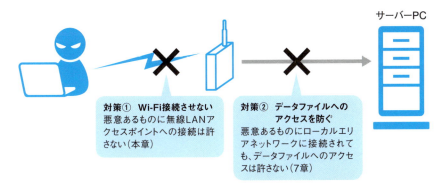

図6-6-2：社内ネットワークを守るための対策

ワンポイントアドバイス

無線LAN環境を見直してセキュアな環境を構築することはビジネス環境に必須。また無線LANのみではなくネットワーク全体で「不要なものにアクセスを許さない」という管理と設定が必要になる

Section 07 ［無線LAN管理］
スムーズに通信するために通信規格を選択しよう

　ビジネス環境ではセキュアな無線LAN環境を実現するためにも「無線LANアクセスポイント設定（無線LAN「親機側」の無線LAN通信の設定）」を見直す必要がありますが、その前に業務をスムーズに進行するためにも「通信規格」を知っておくようにします。

　ちなみに、ビジネス環境周辺に別のフリーWi-Fiなどの無線LANアクセスポイントは多く存在しますか？

> PCでWi-Fi接続しようとすると、いろいろな無線LANアクセスポイントが複数表示されます（図6-7）

　無線LANの通信規格は「2.4GHz帯」と「5GHz帯」に分けることができますが、**一般的に多く利用されているのは「2.4GHz帯」**です。

　「2.4GHz帯」は遮へい物越しの通信に比較的強い他、無線LAN端末のほぼ100％がこの規格をサポートしていることが特徴です。

　ただし2.4GHz帯は広く普及している無線LAN通信規格であるために電波干渉が起こりやすく、他の家屋、マンション、Wi-Fiスポット、Bluetooth、コードレス電話機、電子レンジなどとも電波干渉するため、**環境によっては通信パフォーマンスが低下することがあります。**

　一方「5GHz帯」は2.4GHz帯に比べると対応機器が少ないため（最近のPCやスマートフォンはほぼ5GHz帯をサポートします）、無線LANアクセスポイントとしても電波干渉がないほか、利用できるチャンネルも多いためパフォーマンスに優れているという特徴があります。

　ちなみに「2.4GHz帯」と「5GHz帯」には表6-7のような規格が存在しますので、無線LAN親機の対応とWi-Fi接続するPCに合わせて任意に選択します。

えーと、無線LAN親機は2.4GHz帯と5GHz帯両方に対応しますが、PCの一部だけ5GHz帯に対応しません

　無線LAN親機の多くは2.4GHz帯と5GHz帯の「両対応・同時利用可能」なので両方とも有効にした上で、対応機器は5GHz帯を利用しつつ、未対応機器は2.4GHz帯を利用することがパフォーマンスとして最適です。なお、ローカルエリアネットワーク上にある共有フォルダーには、2.4GHz帯で接続したPCからでも、5GHz帯で接続したPCからでもアクセス可能です。

周囲に無線LANアクセスポイントが複数存在する場合、それだけ電波干渉が起こりやすい環境であることを意味する。パフォーマンスを求めるのであれば、なるべく周囲が利用していない帯域とチャンネルを利用することが求められる

図6-7：無線LANアクセスポイント

表6-7：無線LANの通信規格と速度

通信規格	通信最大速度（理論値）
IEEE802.11b（2.4GHz帯）	11Mbps
IEEE802.11g（2.4GHz帯）	54Mbps
IEEE802.11a（5GHz帯）	54Mbps
IEEE802.11n（2.4GHz帯）	150Mbps〜（ストリーム数による）
IEEE802.11n（5GHz帯）	150Mbps〜（ストリーム数による）
IEEE802.11ac（5GHz帯）	433Mbps〜（ストリーム数による）

ワンポイントアドバイス

無線LAN通信規格には「2.4GHz帯」と「5GHz帯」があり、建物の構造や周囲の環境などによってパフォーマンスに差が出る。ルーターが対応していれば、双方の帯域とも活用するとよい

Section 08 ［無線LAN親機の設定］
無線LANのアクセスポイント設定を見直そう

　無線LANアクセスポイントの設定では、セキュリティ対策として「暗号化方式の選択」と「暗号化キー[※4]」に着目した上で、各種設定を進めます。

> ええっと、ここで無線LANアクセスポイントの設定を変更すると、全PCのWi-Fi接続設定はやり直しですよね？

　はい。無線LAN親機の「無線LANアクセスポイント設定」が変更になるため、**Wi-Fi接続を利用しているすべてのPCなどのネットワーク機器で新たなWi-Fi接続設定が必要になります。**

　ちなみに、この「新たなWi-Fi接続設定」こそが暗号化キーの漏えい対策になるため、セキュリティ対策を万全にする要素だと前向きに捉えてください。

　業務作業に余裕のあるときに無線LANアクセスポイント設定の変更と、PCのWi-Fi接続設定のやり直しを行いましょう（PCのWi-Fi接続設定と暗号化キー漏えい対策は、6章09項参照）。

> 無線LANアクセスポイント設定が、いろいろ多岐にわたっていて何をしてよいかわからないのですが……

　無線LANアクセスポイント設定順序（図6-8）としては、まず無線LAN親機の設定コンソールにログインした上で（6章02項）、①無線LANアクセスポイントを設定対象となる「無線LAN帯域」を選択します（6章07項）。「2.4GHz帯」と「5GHz帯」は個別設定になるため、両帯域を利用する場合、各帯域で以後解説する「SSIDの設定」「暗号化方式の設定」「暗号化キーの設定」を適用します。マルチSSID対応モデルの場合、まずはメインのSSID（プライマリSSID）を有効にし

[※4]「セキュリティキー」や「Wi-Fi接続パスワード」とも言います

て設定しましょう（セカンダリSSIDについては6章11項参照）。

そして、②任意に「SSID（アクセスポイント名）」を命名した上で、③「暗号化方式（暗号化モード）」として「WPA/WPA2-PSK」を選択します。「AES」と「TKIP」は環境的制限がない限り、セキュリティに優れる「AES」を選択します。なお、セキュリティ上「暗号化無効」や「WEP」は選択してはいけません。

そして、④Wi-Fi接続に要求されるパスワードにあたる暗号化キー（セキュリティキー）を任意に設定すれば完了です。暗号化キーは8～64文字の半角英数字で指定し、大小英文字を混ぜた上で9文字以上になることが推奨されます。

なお、無線LAN親機によっては設定を保存するだけではなく、再起動しないと有効にならないものもあります。

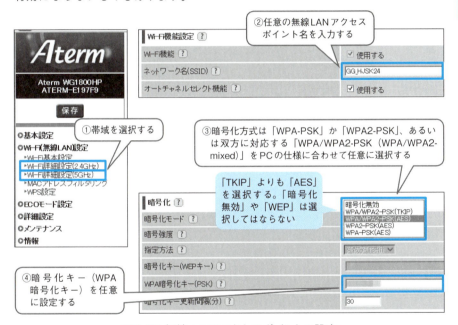

図6-8：無線LANアクセスポイントの設定

ワンポイントアドバイス

無線LANアクセスポイント設定のポイントは「SSID（アクセスポイント名）の設定」「暗号化方式の選択」「暗号化キーの設定」だ。「2.4GHz帯」「5GHz帯」の両方を利用する場合には、各帯域に対して個別に設定を行おう

Section 09 [無線LAN子機の設定]
従業員のPCの Wi-Fi接続設定を行おう

　無線LAN親機における「無線LANアクセスポイント設定（6章08項）」が完了したら、業務利用する各PCに対してWi-Fi接続設定（図6-9-1）を行います。なお、業務外利用のPCやスマートフォンなどの接続については6章11項を参照してください。

　ビジネス環境では、無線LANアクセスポイントのWi-Fi接続パスワードにあたる「暗号化キー（セキュリティキー）」を従業員に教えない管理が理想です。

どうして従業員にWi-Fi接続パスワードを教えないことが理想なのでしょうか？

　Wi-Fi接続を許可するというのはインターネット接続だけではなく、「ローカルエリアネットワーク接続を許すことになる」点に留意します（図6-9-2）。PCの共有フォルダーやファイルサーバーへのアクセスも許しかねないのです。

　従業員がWi-Fi接続パスワードを知ってしまえば、任意のPCやスマートフォンでアクセスしたり、退職した従業員がオフィスに近づいて不正アクセスする可能性を排除できません。

　よって、ビジネス環境的に可能であれば、Wi-Fi接続のパスワードを従業員に教えずに、Wi-Fi接続設定における暗号化キー入力はネットワーク管理者のみが行うようにします（図6-9-3）。Wi-Fi接続パスワードを入力する際には従業員に一時退席してもらうなどしましょう。

ワンポイントアドバイス

「Wi-Fi接続パスワード（暗号化キー）」はネットワーク管理者のみで設定するのが望ましい。従業員からのパスワード漏えいの可能性を排除して、ネットワークのセキュリティを飛躍的に高めよう

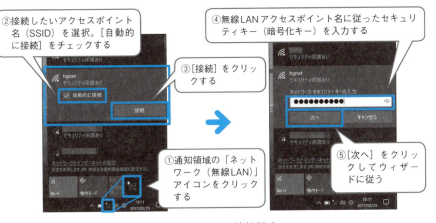

図6-9-1：Wi-Fi接続設定

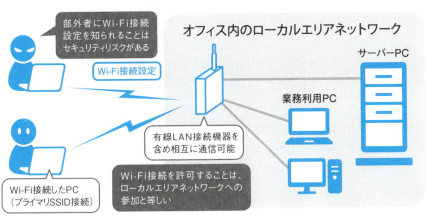

図6-9-2：無線LAN通信の許可はLAN参加の許可

図6-9-3：不正アクセスを防ぐパスワードの管理

Section 10

[無線LAN設定と管理]

Wi-Fi接続できるPCや便利機能はなるべく減らそう

　無線LANルーターの一部モデルでは、「簡単Wi-Fi接続」などの機能があらかじめ有効になって出荷されています。
　簡単Wi-Fi接続機能は「WPS (Wi-Fi Protected Setup)」「AOSS」「らくらく無線」などとメーカーやモデルによって呼び名が異なります。
　これは親機側のボタンを押すだけで、PCやスマートフォンでWi-Fi接続を確立できる機能なのですが、**ビジネス環境ではセキュリティリスクになるため必ず該当機能を無効にします**（図6-10-1）。

業務利用するPC以外に接続を許してしまうかもしれない機能は危険ですからね

　そのとおりです。どうしても「ゲスト」や「業務外利用のPCやスマートフォン」にもインターネット接続を許可したいという場合には、ローカルエリアネットワーク接続は許さない「ネットワーク分離」を適用したアクセスポイントを開放するようにします（6章11項）。

その他無線LANで気をつけることはありますか？

　退職者が業務利用していたPCやビジネス環境で利用しなくなったPCなど、**Wi-Fi接続が必要なくなったPCに対しては、「Wi-Fi接続設定の削除」**を行うようにしてください（図6-10-2）。
　ビジネス環境では、業務利用するPC以外のWi-Fi接続（ローカルエリアネットワーク接続）は許さないという管理を徹底しましょう。

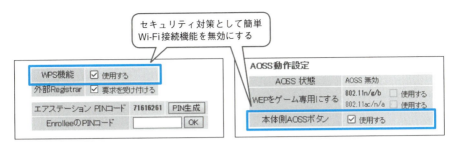

図6-10-1：ボタン1つでWi-Fi接続できる機能の無効化

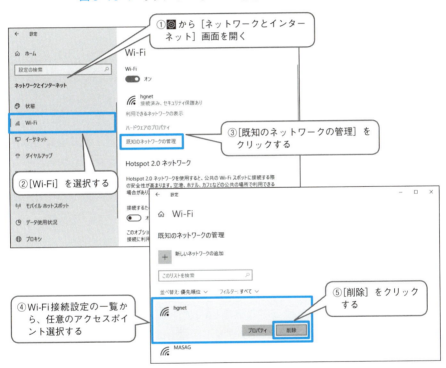

図6-10-2：Wi-Fi接続設定の削除

ワンポイントアドバイス

無線LAN親機における、ボタン1つでWi-Fi接続できるなどの便利接続機能は、ビジネス環境のネットワークに不要なPC・スマートフォンが入り込む可能性を生んでしまうため無効に設定にしよう

Section 11 ［無線LAN設定と管理］
自社への訪問者にWi-Fi接続を安全に開放しよう

　業務利用しないPCやスマートフォンにWi-Fi接続を許可してはいけません。これは無線LANアクセスポイントにWi-Fi接続するということは、インターネットへの接続許可だけではなく、「ローカルエリアネットワークへの参加許可」にもなってしまうためセキュリティリスクがあるからです。

しかし、当社には取引先が多数訪れて、インターネット接続を作業でも利用します……どうすればよいでしょうか？

　オフィスを訪れた取引先にインターネット接続を開放したい、あるいは従業員にも業務外利用PCやスマートフォンのインターネット接続を許可したいという場合には、「セカンダリSSID」を作成した上で「ネットワーク分離」を行うとよいでしょう。

え、セカンダリSSID？　ネットワーク分離？

　まず、現在設定済みのセキュアな無線LANアクセスポイントを「プライマリ（一番目）SSID」とします。この「プライマリSSID」は業務利用するPCやネットワーク機器に限定します。
　その上で別途、無線LAN親機の設定で「セカンダリ（二番目）SSID」を新たに作成して有効にします。この「セカンダリSSID」に対しては「ネットワーク分離」を適用してください（図6-11-1）。
　ネットワーク分離を適用したセカンダリSSIDは、インターネット接続は許可されるもののローカルエリアネットワークには接続できないためセキュアな管理が可能です（図6-11-2）。

> なるほど、セカンダリSSIDであれば、誰にでも教えられますね！

いいえ、誰にでも教えるのはNGです。なぜなら、インターネット接続による迷惑行為や不正アクセスなどは防げないからです。

例えば、セカンダリSSIDを利用してインターネット上の掲示板に「殺人予告」などの悪意を行った場合、通信経路から割り出される犯人は「ビジネス環境の回線」になるため、結果的に従業員の誰かが疑われることにもなりかねません。

よって、**セカンダリSSIDであっても信頼ができる人のみに接続許可を与えてください**。また、相手に該当PCやスマートフォンのWi-Fi接続画面を表示してもらった上で、Wi-Fi接続パスワードはネットワーク管理者が入力することもセキュリティ対策として求められます。

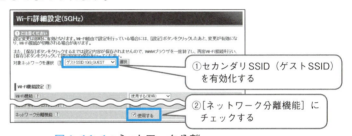

図6-11-1：ネットワーク分離

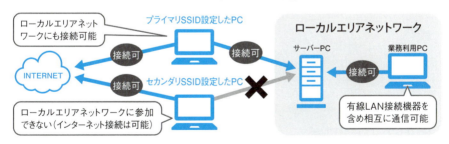

図6-11-2：「ネットワーク分離」によるセキュリティの確保

ワンポイントアドバイス

ゲストにWi-Fi接続の許可を与えたい場合には、ネットワーク分離機能を有効にしたセカンダリSSIDを活用するとよい。なお、セカンダリSSIDであっても不必要なものに接続許可を与えてはならない

Section 12 ［外出時のインターネット接続］
外出先で安全に無線LANを利用するには？

　外出先で無線LANを利用する場合、オフィス内におけるWi-Fi接続とは別の考え方とセキュリティ対策が必要になります。まず、業務利用するPCを、**街中の無線LANアクセスポイント（SSID）**（図6-12）に接続するのは禁止です。

え？　パスワードなしで接続できる無線LANアクセスポイントは便利なのですが……

　公衆無線LANにおいて「通信が暗号化されていないもの」や「認証（暗号化キーやパスワード）なしで接続できるもの」は、すべてセキュリティとして信頼できないアクセスポイントと捉えてください。
　なお、「アクセスポイント名」では信頼性を見極めることはできません。無線LANアクセスポイント名であるSSIDは誰にでも簡単に命名できるため、大手の企業名に偽装することも可能です。
　公衆無線LANアクセスポイントに接続した場合、通信内容が盗聴されて情報漏えいや、不正アクセスなどの被害を受ける可能性があります。

外出先で安全にインターネット接続を行いたい場合、何に気をつければよいでしょうか？

　外出先でインターネット接続が必要な場面では、暗号化（WPA2-PSKやWPA-PSKなど）が行われており、また接続供給会社の信頼性が確かな「有料公衆無線LAN」や「取引先が提供する無線LAN」が望ましくなります。
　また、**自身が契約しているスマートフォンのテザリングも安全性が高いインターネット接続の1つになります**が、PCのインターネット接続はスマートフォンに比べて通信量が桁違いであるため、数分の利用で数GBの通信量になることもある点に注意します（テザリング利用時などで通信量を減らしたい場合は6章13

項参照)。

　なお、比較的安全性の高い無線LANアクセスポイントに接続する際も、必然性がない限りネットワークプロファイルを「パブリック」にして、他のPCから自身のPCへの共有を許可しない接続設定を適用します（6章13項）。

図6-12：公衆無線LANの一例

ワンポイントアドバイス

業務利用するPCのWi-Fi接続は、通信が暗号化されている安全性が高い無線LANアクセスポイントか、スマートフォンのテザリングを利用する。不明な無線LANアクセスポイントに接続した場合、通信の安全性は保証されない

Section 13 ［ネットワークプロファイル］ネットワーク接続の安全性確保と通信量軽減設定

　PCのネットワーク接続は状況に応じて「ネットワークプロファイル」を任意に変更して共有に制限をかける必要があります。

　ネットワークプロファイルには「パブリック」と「プライベート」が存在します。「プライベート」は信頼できるネットワーク環境で自身のPCの共有を許可するための設定であり、「パブリック」は自身のPCの共有を許可しない設定です。

　基本的に該当PCの共有フォルダーやデバイスを他のPCと共有する必然性がない場合には（サーバー的な役割を担わないPCでは）、ネットワークプロファイルにおいて**「パブリック」を適用すると、同一ネットワーク内にいる他者にPCの中を覗かれないようにできます**（図6-13-1）。

　また、なるべく通信量を抑えたい場面（スマートフォンのテザリングを利用する接続など）では、「従量制課金接続」を有効にすることも重要です。

従量制課金接続とはなんですか？

　「従量制課金接続」とは通信量が増えると課金（追加料金）が発生する接続のことで、日本国内の現状のインターネット接続回線と照らし合わせると「モバイルネットワーク（SIMを利用した通信）」がこれにあたり、なるべく通信量を抑えたい場合に適用すべき設定です（図6-13-2）。

　なお、オフィス内の固定回線に接続しているPCでは「従量制課金接続」を有効にしてはいけません。

　これは「従量制課金接続」を有効にしてしまうと、セキュリティアップデートなどを含むWindows Updateの更新プログラムのダウンロードなども制限されてしまうからです。

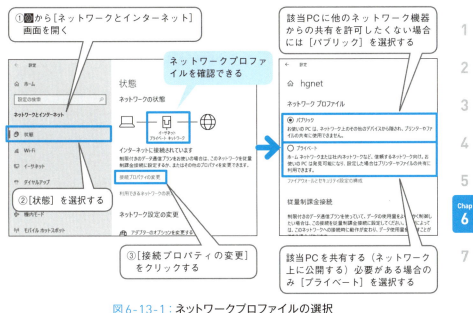

図6-13-1：ネットワークプロファイルの選択

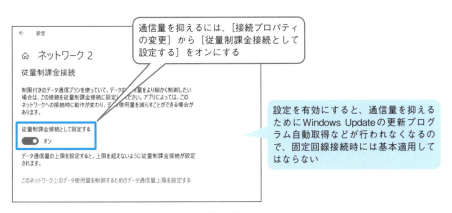

図6-13-2：従量制課金接続の設定

ワンポイントアドバイス

ネットワークプロファイルを任意に切り替えることで、同一ローカルネットワーク内における該当PCの共有の可否を設定できる。また、「従量制課金接続」を有効にすれば、通信量を抑えることが可能だ。

Section 14

[スマートフォンの設定]

スマートフォンも必ず セキュリティ対策をしよう

スマートフォンにもセキュリティ対策が必要です。

スマートフォンのセキュリティ対策もPCと同じ考え方で、他者に操作を許さないための「画面ロック設定（図6-14-1）」、セキュリティアップデートを適用するための「ファームウェアアップデート」、情報漏えいなどのリスクを防ぐために「余計なアプリを導入しない（特にAndroid端末、6章16項）」などの設定・管理が必要になります。

私物のスマートフォンのセキュリティ設定は任意適用でよいですよね？

個人の所有物に対して各種設定を強要することはできませんが、先に挙げたセキュリティ対策は個人のプライバシーを守るためにも必要な設定です。また、個人所有スマートフォンであっても、ビジネスメールやチャットの送受信、ビジネスクラウドなどを活用している場合、**結果的にここから情報漏えいが起これば業務関連被害に繋がること**に留意します。

なるほど、スマートフォンのセキュリティ管理においてその他注意すべき点はありますか？

スマートフォンは小さい筐体（きょうたい）なので、ちょっとスキを見て第三者がアプリ操作してデータを盗み見るといった可能性が拭いきれません。ビジネス関連情報を扱う重要なアプリ（クラウドアプリや二段階認証アプリなど）を利用している場合には、「アプリ起動時に別途パスワード入力が必要な設定（図6-14-2）」を適用しておくことが推奨されます。

また、スマートフォンの盗難や紛失に備え「リモートロック」と「リモートワイプ」の設定と操作方法を確認しておくとよいでしょう（6章15項、16項）。

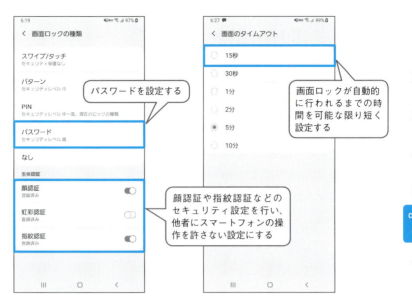

図6-14-1：セキュリティのための画面ロック設定

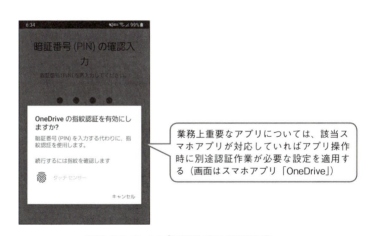

図6-14-2：アプリ起動時の認証設定

ワンポイントアドバイス

個人所有のスマートフォンであってもビジネス情報を扱っている場合には、基本セキュリティ対策を周知して徹底するよう指導する。特にロックと盗難対策は重要だ

Section 15 [iPhoneとiPadの設定]
iPhoneとiPadで紛失対策を設定しよう

　iPhoneやiPadなどのiOS端末は小型であるため、紛失しやすく盗まれやすいという特性があります。万が一を考えて、自身のiOS端末の位置情報を他端末から確認できるようにしておく他、「リモートロック（遠隔ロック）」と「リモートワイプ（遠隔消去）」の実行方法を確認しておくようにします。

社用のiPadに念のため紛失時の対策をしておきたいです。どのような設定が必要ですか？

　iOS端末の場合、Apple IDに紐づけてすべての端末を管理できるので、iOS端末上で「iPhone（またはiPad）を探す」が有効になっていれば（図6-15-1）、**簡単に端末の現在位置を確認することができます**。
　他端末のWebブラウザからiCloudにApple IDでログインすれば、リモートロック（パスワード設定）やリモートワイプ（iPhoneやiPadのデータ消去）を行うこともできます（図6-15-2）。

リモートワイプを行えば情報漏えいは防げるのでしょうか？

　盗んだ相手が端末のロックを解除できていなければ、**該当iOS端末上の全データを消去して初期化できるため、リモートワイプで情報漏えいは防げます**。
　ただし消去を実行してしまうと、該当端末におけるApple IDとの紐づけも無効になってしまうため、位置情報も追えなくなり、事実上紛失した端末を取り戻すことが不可能になる点に留意します。

図6-15-1：リモートロックやリモートワイプの事前準備

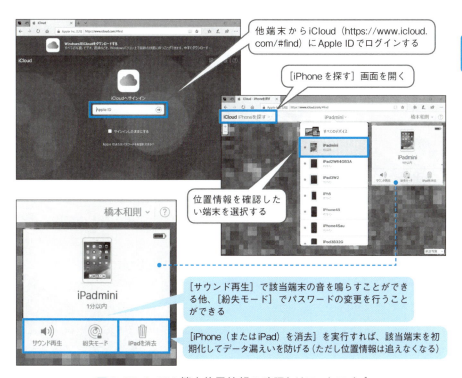

図6-15-2：iOS端末位置情報の確認とリモートワイプ

ワンポイントアドバイス

iOS端末はApple IDさえきちんと管理していれば、他端末（PCやスマートフォンなど）のWebブラウザから端末位置情報の確認、リモートロック（パスワード変更）、リモートワイプ（遠隔消去）を行うことができる

Section 16 ［Android端末の設定］
Android端末でセキュリティ対策と紛失対策を設定しよう

　「Androidアプリ」は、セキュリティとしてはWindowsのデスクトップアプリに近い特性を持ちます。iOS（iPhoneやiPad）の場合はサンドボックスでかつストアの審査が厳しいためアプリは比較的安全です。しかし、Androidアプリは自由度がかなり高い一方、アプリがストレージやシステムに影響を与えることが可能な構造であり、この特性を生かして悪意を行うマルウェア相当のAndroidアプリも実在します。
　よって**Android端末では安易なアプリ導入は控え、また導入時に「アプリの権限（パーミッション）」**を確認することを心がけます。

「アプリの権限」とはなんでしょうか？

　「アプリの権限」とは該当アプリが「Android端末のどの機能やどの情報を利用するか」を示すものです。Google Playから該当アプリを導入する際、該当アプリ特性として必要がないはずなのに、カメラや連絡先、あなたの位置情報、電話番号発信などをアクセスリクエストとして求めてくるようであれば、危険なアプリである可能性があります（図6-16-1）。
　また難しい話になりますが、「アプリの権限」はアプリのアップデート時にも変更されることがあります。そのため、アプリのアップデート時にもアプリの権限を確認する必要がありますが、このような煩雑さを踏まえると、**あらかじめ信頼性の高いアプリのみを導入する管理**が求められます。

Android端末で、
その他セキュリティにおいて注意する点はありますか？

　基本的にGoogle Play以外からアプリを導入しない（生のAPKファイルからの

アプリインストールなどは控える）ことが求められます。

　また、開発者向けオプションなどは必然性がない限り有効にしないことや、スマートフォンの活用方法次第では別途マルウェア対策アプリを導入することも検討します[※5]。

　そして万が一の紛失対策として［デバイスを探す（端末を探す）］を有効にして、「リモートロック（遠隔ロック）」と「リモートワイプ（遠隔消去）」の実行方法を確認しておくようにします（図6-16-2）。

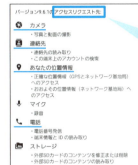

図6-16-1：アプリのアクセスリクエスト先の確認

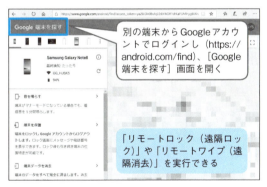

図6-16-2：リモートロックとリモートワイプの実行

ワンポイントアドバイス

Android端末のアプリは自由度が高い代わりにマルウェア的な動作を行うアプリも多数存在する。不要なアプリ導入は避け、信頼性の高いアプリのみを導入しよう

※5 Android端末のハードウェアの仕様やOSのバージョンはメーカーやモデルによって異なるため、セキュリティの仕様や詳細設定も端末ごとに異なります。

Section 17 [トラブルシューティング]
「ネットワークに接続できなくなった」場合はどうする?

「ネットワークに接続できない」という状況に陥ると、業務ダメージは避けられません。PCがネットワークに接続できなくなった場合に備えておくことも、ビジネス環境に必要なセキュリティ対策になります。

実は今、PCの無線LAN機能が不調で
ネットワークに接続できません……

「ネットワークに接続できない」状態になったら、まずPCを再起動しましょう。また「トラブルシューティング」を行うのも手です(図6-17-1)。ネットワーク接続においては、IPアドレスのバッティングなどのトラブルは起こりうる事象なので、**ネットワーク接続を一度リセットすることで多くの場合解決**できます。

無線LANのWi-Fi接続トラブルは比較的起こりやすい問題なので、有線LAN接続でローカルエリアネットワーク接続が行えるように、「USB接続型有線LANアダプター」を用意しておくとトラブル時に役立ちます(図6-17-2)。

ちなみに7章で解説する「ファイルサーバー」は、仮に無線LANルーターにトラブルが起こっても有線LAN接続でファイルアクセス可能です。

接続できました! でも、停電時などの
インターネット接続はどうしたらできますか?

停電に限らず、ルーターの故障やインターネットプロバイダー側のトラブルなどで、インターネット接続が行えなくなる可能性も考えられます。

このような不測の事態が起こったときでも取引先などへの連絡が滞りなく行えるよう、オフィス内の固定回線を使わない「スマートフォンのテザリング」など別のインターネット接続手段もあらかじめ用意・確認しておくことが求められます(図6-17-3)。

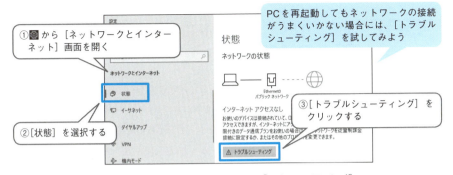

図6-17-1：ネットワークのトラブルシューティング

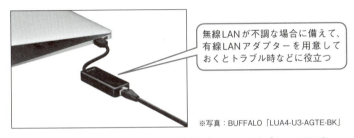

図6-17-2：USB接続型LANアダプターの用意

図6-17-3：スマートフォンのテザリング

ワンポイントアドバイス

ビジネスにおいて今やネットワークに接続できることは必須。Wi-Fi接続がうまくいかないときに備えた「有線LAN接続の確保」や、インターネット接続不能状況に備えた「スマートフォンのテザリング」などを用意しておこう

Chapter 6　社内ネットワーク　201

コラム PCの買い替えや中古PCの購入には万全の注意を払おう

ビジネス環境において新たなPCの導入やPCの入れ替えを行う場合には、対象PCのセキュリティ対策に注意を払う必要があります。

新規購入PCの導入については、ハードウェア・OSともにセキュリティ基準を満たす製品になるので安全ですが、一部のメーカーでは不必要なアプリのインストーラーがあらかじめデスクトップに配置されていることがあります。新規購入PCに添付されている「サードパーティ製セキュリティソフト」や「サードパーティ製日本語入力システム」などの多くは、メーカーの広告収入や利益誘導のためのものであり、必然性がないアプリです。不要なアプリはあらかじめ削除してから、ビジネス環境に導入することが推奨されます。

また、中古PCの場合には、あらかじめマルウェアが仕込まれている可能性を否定できません。ローカルエリアネットワークに接続した瞬間に悪意を実行する可能性があるため、ネットワークに接続する前にマルウェアの可能性をPCから完全に除去するために「PCのリセット」などの初期化を実行して、確実にクリーンな状態のOSからセットアップを行うようにします（図6-0-1）。

なお、不要になったPCの処分にも十分注意します。PCに詳しい人であればデスクトップ操作上で削除したデータファイルは復元することもできてしまうので、ストレージ内のデータは完全抹消してからPCを処分するようにします。

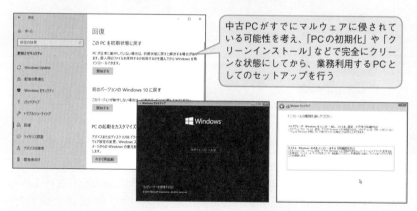

図6-0-1：中古PC導入前の初期化

第2部 | 実務編

ファイルサーバーによる
データファイル管理

Chapter

Section 01 ［ファイルサーバー］
データファイルを一元管理しよう

　ファイルサーバーにおけるフォルダーを共有する側を「サーバー（ホスト）」、サーバーのファイルにアクセスする側を「クライアント」といいます。
　ちなみに社内PCはサーバーとクライアントのどちらなのかは知っていますか？

ええっと……クライアントでしょうか？

　この点は実にわかりにくいのですが、社内PCはファイル共有機能としては「サーバー」にも「クライアント」にもなれます。
　普段意識はしていなくても「共有機能」を有効にした時点で、ローカルエリアネットワーク上のPCなどのネットワーク機器すべてからアクセス可能になるため、「共有する側であるサーバー」になれますし、共有フォルダーにアクセスする機能も持つので「サーバーにアクセスするクライアント」にもなれるのです。

では、ローカルエリアネットワークに参加している社内PCはすべてサーバーということでしょうか？

　共有機能を有効にしていないPCは「クライアント」ですが、実際には各PCで場当たり的に共有機能を有効にして、共有フォルダーが乱立しているビジネス環境も見受けられます。これは、ローカルエリアネットワーク上の多くのPCがサーバーとしても動作しているという状態です。
　このような環境では「どのPCにどのデータファイルがあるのか」という管理が事実上不可能になるため、データファイル紛失などの事故の原因になります。また、各共有フォルダーに対するアクセス権設定もばらばらで場当たり的になってしまうため、情報漏えいも引き起こしかねません。

実はうちのオフィスも各PCに必要なデータファイルが散在しています……

　各PCでのデータファイル管理をやめて、ファイルサーバーでデータファイルを一元管理すれば各PC内を探す必要がなくなる他、各共有フォルダーにアクセス権を設定することにより**必要なユーザーのみが必要なファイルにアクセスできるというセキュアな環境を実現できます**。

　また、ファイルサーバーは単に共有フォルダーをわかりやすく一元管理できるというだけではなく、マルウェアに侵されにくいというセキュアな特徴を持ち、そしてクライアント（各PC）のトラブルに強くなるというメリットもあります（7章02項）。

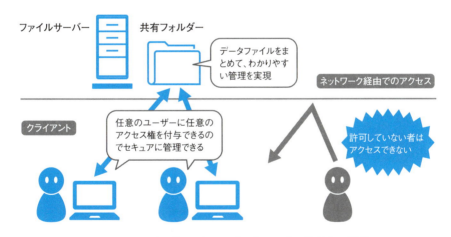

図7-1：ファイルサーバーでデータファイル管理を一元化

ワンポイントアドバイス

ファイルサーバー専用PCを用意して業務に必要なデータファイルを集約。必要なユーザーのみに共有フォルダーへのアクセス許可を与え、データファイルをセキュアに管理しよう

Section 02 ［ファイルサーバー］

ファイルサーバーの
メリットを確認しよう

　ファイルサーバーはデータファイルを一元管理して、ネットワークにおける共有フォルダー管理をわかりやすくできる点以外にも様々なメリットがあります。
　特にビジネス環境においては、総合的なセキュリティ対策として大きな強みがあることに注目です。

なぜ、ファイルサーバー専用PCの存在が総合的な
セキュリティ対策になるのでしょうか？

　PCにおけるセキュリティリスクの多くは「日常的なPC操作」にあります。データファイルを開くことや、アプリを導入すること、WebブラウザでのWebサイト閲覧やダウンロード、メッセージリンクのクリックなど、これらのPCでの日常作業がマルウェアの侵入や実行を許してしまう温床になっているのです（3章〜5章参照）。
　一方、ファイルサーバーの役割は「ローカルエリアネットワーク上に共有フォルダーを公開すること」だけです。**セキュリティリスクとなるPC操作を一切行わないのでマルウェアに侵される場面がなく、非常にセキュアな状態が維持できる**のです（図7-2）。

なるほど、ファイルサーバーは
セキュリティ対策に効果的ですね！

　ファイルサーバーの存在はクライアントとなる各PCにもメリットをもたらします。
　各PCにデータファイルを保持していた場合、該当PCが起動しなくなるなどのトラブルが起こった場合には、復旧まで該当PC内のデータファイルにアクセスできない他、深刻なPCトラブルの場合には該当ストレージを物理的に外して別

PCなどを利用したデータの救出作業が必要になります（OSが起動できない状態でのファイル救出は大変困難で、データファイル漏えいの原因にもなりえます）。

しかし、ファイルサーバーにデータファイルを保持していれば、クライアントにトラブルが起こっても「PCのリセット（3章14項）」などをすぐに実行することができるためPCの修復作業に手間取りません。

また、**新規購入したPCの導入やPCの入れ替えなどにおいても、データファイル移行作業の必要がない**ため、すぐに該当PCを実践導入して業務活用することができます。

各PCにデータファイルを保持しているとバックアップに労力も時間も必要になりますが、ファイルサーバーであればデータファイルを一元管理できているため、バックアップも素早く済ませられる点も優れています。

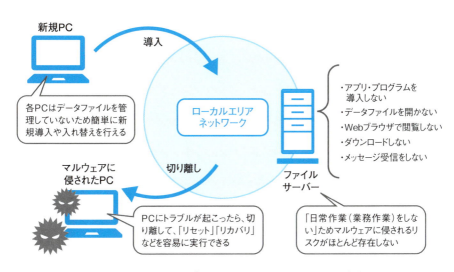

図7-2：PCのトラブルに強いファイルサーバーの存在

ワンポイントアドバイス

ファイルサーバーは、日常的な作業を行わないためマルウェアに侵されにくいという特徴がある。また、PCに問題が起こってもファイルサーバーにデータファイルが保持されているため、PCをメンテナンスしやすい

Section 03 [ファイルサーバー]
ファイルサーバーとして利用できるPCの条件

　ファイルサーバーというと準備や用意に大層なコストがかかるイメージがあるかもしれませんが、「ファイルを共有する（共有フォルダーをローカルエリアネットワーク上に公開する）」という役割だけなので、実は高性能PCは必要ありません。

　また、サーバー用につくられた「Windows Server」などのOSがありますが、私たちのようなビジネス環境では一般的なOSであるWindows 10で十分です。Windows 10の共有フォルダーは、最大20ユーザーまで同時に共有できます。

では、普通のPCをファイルサーバー用PCとして使ってもよいのでしょうか？

　はい。Windows 10が動作する普通のPCをファイルサーバーとして運用することができます。

　ただし、データファイルを一元管理して複数のクライアントから集中的にアクセスを受けるという意味では、有線LANポートを搭載していることが求められ、また熱がこもらない構造であることやストレージの増設・メンテナンスしやすいことなどが求められるので、**デスクトップPCであることが必須条件になります**（図7-3）。

　手持ちのデスクトップPCをファイルサーバーに割り当てても構いません。ただし、セキュリティとして「アプリを導入していない」「Webブラウズしていない」「データを開いていない」などのクリーンな環境が求められるため、業務利用していたPCの場合には「PCのリセット（3章14項）」を行ってから、ファイルサーバーとしてのセットアップを進めることが強く推奨されます。

> どうせなら新規にファイルサーバー用のPCを購入したいのですが、何かオススメはありますか?

　ファイルサーバーとして求められる「有線LANポートを搭載した筐体に余裕があるデスクトップPC」を前提として、さらに余計な機能が搭載されていない(高性能なグラフィックス機能などが搭載されていない) **シンプルな構成のハードウェアであることが理想**です。

　必須ではありませんが、Windows 10のエディションがProであれば、一部のセキュリティ設定を詳細に行えるという点でオススメです(Windows 10は購入の後でのエディションアップグレードが可能です(2章P60コラム参照)。

　ちなみにこれらの条件を満たすデスクトップPCは、「法人向けPCのオンラインストア」であれば4万円前後から購入が可能です。一般家電販売店では「シンプルな構成のデスクトップPC」を購入するのは結構難しいので、オンラインストアでPCをカスタマイズして購入するとよいでしょう。

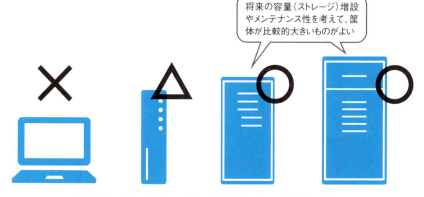

図7-3:ファイルサーバーは「デスクトップPC」が基本

ワンポイントアドバイス

共有フォルダーに20台以上が同時接続するヘビーなビジネス環境でもない限り、ファイルサーバーはWindows 10を搭載するデスクトップPCで十分。汎用OSなので設定がわかりやすい点もメリットだ

Section 04 [NAS]
NASをファイルサーバーに適用しよう

ファイルサーバーとしてNAS（Network Attached Storage）を割り当てて運用する方法もあります（図7-4-1）。

NASをファイルサーバーにする場合、PCと何が違うのでしょうか？

NASは一般的にPCよりも省電力でかつコンパクトです。ただしルーターと同様にネットワーク経由での準備や設定が必要なため、ある程度のネットワーク知識が要求されます。

また、NASの設定コンソールはメーカーやモデルによって大きく異なるため、共有フォルダーやユーザーの作成手順などは特性を読み解かなければならない点にも注意してください（図7-4-2）。

内部的なファイルシステムもWindowsとは異なるため、NAS本体が故障した場合には別媒体（PCなど）にストレージを接続して復旧を行うことは、一般的な知識では極めて困難です。

NASを導入する上で、その他の注意点はありますか？

他のネットワーク機器同様に「古いモデルのNAS」をファイルサーバーにしてはいけません。古めの製品ではサポートが終了して脆弱性対策が行われていないものもあります。ファイル共有プロトコルにおいて脆弱性がある「SMB v1.0」しかサポートしないものなどは利用してはいけません。

NASもセキュリティ対策として「ファームウェアアップデート」を行う必要があるため、**サポート期間内の製品であることが必須条件**になります。

また、最近のNASはファイルサーバーとしては必要以上に高機能かつ多機能で

ある点にも留意が必要です。WebやFTP、メディアサーバー機能、インターネットをまたいだ外部からのファイルアクセス機能などを持ちますが、これらの各機能を有効にした場合、結果的に外部からのアタックが可能な条件を増やすことになってしまいます。**業務運用するファイルサーバーとして不要な機能は、すべて無効にすることがセキュリティ対策として求められます。**

メリット
・省電力
・省スペース
・任意のストレージ容量とメーカーを選択できる
・低コスト（比較PCによる）

デメリット
・設定コンソールがメーカーやモデルによって違う
・多機能であるため各機能を把握して運用を行う必要がある
・NAS本体が故障した際はサルベージが困難

図7-4-1：NASによるファイルサーバー運用

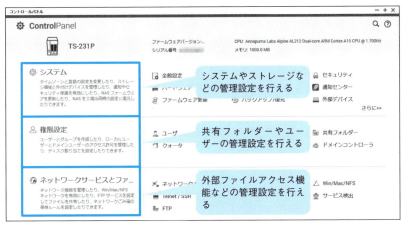

※NASの各種設定管理はメーカーやモデルによって異なります

図7-4-2：NASの設定コンソールにおける各種設定

ワンポイントアドバイス

ファイルサーバーとしてNASを採用するのも手だが、設定コンソールが独自なのでメーカーやモデルごとに特性を把握して設定しなければならない。故障時にストレージ単体からの復旧は困難なため、日頃のバックアップは必須だ

Section 05

[共有フォルダー設定：サーバー]

ファイルサーバーの基本設定を行おう

　ファイルサーバーに割り当てるPCを決定したら（7章03項）、ファイルサーバー運用に必要な各種設定を適用します。

　クライアントからファイルサーバーへアクセスするときのために、まずはファイルサーバーの「コンピューター名」の設定を行います。

> ファイルサーバーの「コンピューター名」は長い名前のほうがよいでしょうか？

　共有フォルダーアクセス時には、コンピューター名を直接入力する場面もあります。それを踏まえると、どちらかといえば「短くてファイルサーバーであることがわかりやすい名前」にすることが理想です。なお、ローカルエリアネットワーク上に同一名称のコンピューター名が存在してはいけないルールになっているので、**他のPCとバッティングしない名称にする必要があります**。

　PCのコンピューター名を変更するには、[⚙（設定）］→［システム］→［バージョン情報］を選択します。［このPCの名前を変更］をクリックして、任意のコンピューター名をつけます（図7-5-1）。

> ファイルサーバーとしてほかに必要な設定はありますか？

　共有フォルダーを公開するために、「ファイル共有の有効化設定」が必要になります（図7-5-2、図7-5-3）。また、一般的なPCでは省電力化のために無操作状態が一定時間経過するとスリープが適用されますが、**ファイルサーバーはクライアントからのアクセスを常に受けなければならないため、自動的にスリープにならない設定を適用する**必要があります（図7-5-4）。

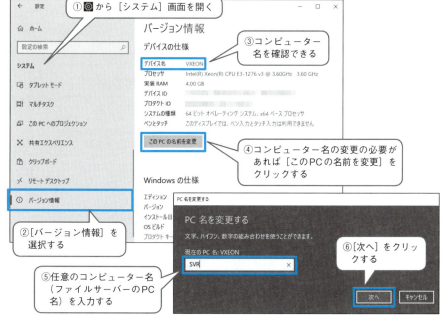

図7-5-1：コンピューター名の確認と変更

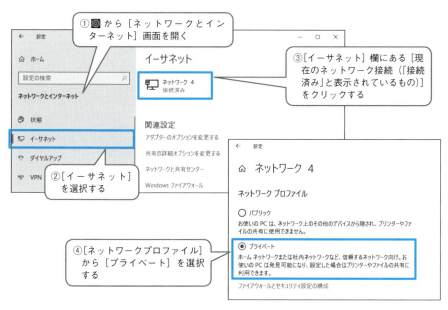

図7-5-2：ファイル共有の有効化：ネットワークプロファイル

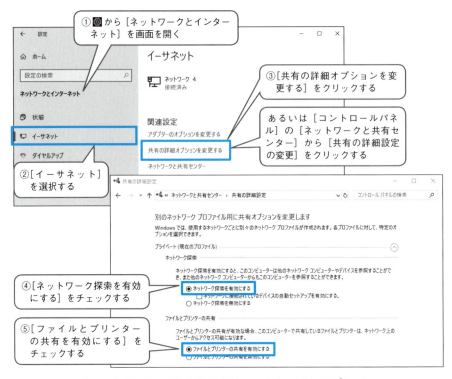

図7-5-3：ファイル共有の有効化：共有の詳細オプション

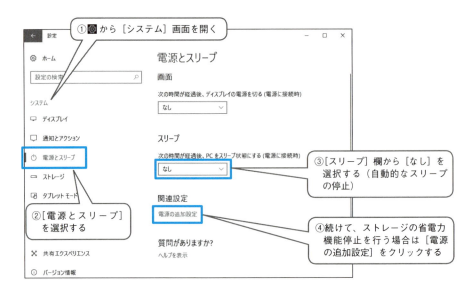

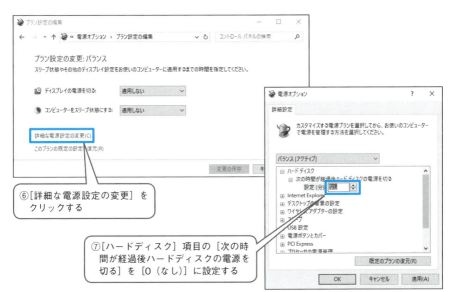

図7-5-4：自動的なスリープの停止とストレージの省電力機能停止

ワンポイントアドバイス

ファイルサーバーはクライアントからのアクセスを受けるために、各種「共有許可」設定を行う。また、各種省電力機能はファイルサーバーとしての役割を阻害するため無効に設定しよう

Section 06 ［共有フォルダー設定：サーバー］
共有フォルダーへの アクセス許可を行おう

　ファイルサーバー（共有フォルダー）の役割は、フォルダー内のファイルをローカルエリアネットワーク上に公開した上で「共有すべき対象のみ接続を許可する」ことです。

　ネットワークというと「共有許可対象はPC」と思われるかもしれませんが、共有フォルダーにおける共有許可は［ユーザー名］に対して行われます（図7-6-1）。

> ユーザー名による許可とは、
> 具体的にはどのような方法になるのでしょうか？

　ファイルサーバー上での共有フォルダー設定は、［ユーザー名］を指定して共有許可とアクセスレベルの設定を行います（図7-6-2、7章08項も参照）。

　またクライアントがファイルサーバーの共有フォルダーにアクセスする際には、「ユーザー名とパスワード」が資格情報として要求されます（7章10項）。

　つまり、ローカルエリアネットワーク上のどのPCからでも、「ユーザー名とパスワード」で認証すれば、共有フォルダーにアクセスすることができるのです。

> 共有フォルダーで許可したユーザー名の管理が
> 重要ということですね

　そのとおりです。ちなみに少々複雑な話になるのですが、共有フォルダーでアクセス許可を行う「ユーザー名とパスワード」の指定は、ネットワーク上の任意のユーザー名を指定することはできないため、**あらかじめファイルサーバー上でローカルアカウントとして作成しておく必要があります**。これは、共有フォルダーがアクセス許可できるのは、ファイルサーバー上に存在するユーザーアカウントだけだからです。

　なお、「Windowsにサインインするためのローカルアカウント」と「共有フォ

ルダーにアクセス許可するためのローカルアカウント」は管理を分ける（同じユーザー名にしない）ことを強く推奨します。

　クライアントがサインインするユーザーアカウントとサーバー認証を揃えるという管理も手段として存在しますが、これは管理上わかりにくくなる他、パスワードの整合性の問題などが起こるためお勧めできません。

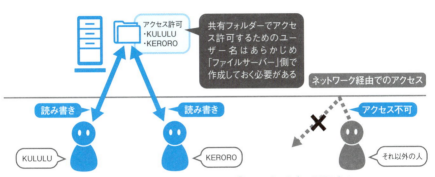

図7-6-1：共有フォルダーへのアクセス許可の仕組み

ファイルサーバー上で行う設定

①共有フォルダーアクセス許可のためのローカルアカウント（ユーザー名とパスワード）を作成する（7章07項）

↓

②共有フォルダーの指定と設定を行う（7章08項）

↓

③共有フォルダーでアクセス許可するユーザー名（①で作成したローカルアカウントの［ユーザー名］）を指定する（7章08項）

↓

④各ユーザー名に対するアクセスレベルを設定する（7章09項）

図7-6-2：共有フォルダーの設定手順

ワンポイントアドバイス

共有フォルダーのアクセス許可は「ファイルサーバー上で作成したユーザー名とパスワードの組み合わせ（ローカルアカウント）」で行う。共有フォルダーで許可された［ユーザー名］のみがアクセス許可できる

Section 07 [共有フォルダー設定：サーバー] 共有フォルダー設定の準備を行おう

　ファイルサーバーで共有フォルダーを設定する前準備としては、ファイルサーバー上での「共有フォルダーとなるフォルダーの作成」と、「共有フォルダーにアクセス許可するユーザー名とパスワードの作成」が必要です。なお、設定作業全般はアカウントの種類が「管理者」のユーザーアカウントで行う必要があります（ネットワーク管理者用のユーザーアカウントをあらかじめ作成しておきます）。

従業員の許可範囲の分け方はどうすればよいのでしょうか？

　各管理方法はビジネス環境によって異なりますが、管理職や営業職、一般事務職などの立場で分ける管理が考えられます。本書では共有フォルダー作成例として図7-7-1に従ったフォルダーとユーザー名の構成で解説を進めます。

共有フォルダーにアクセス許可するユーザー名の作成で、注意すべき点はありますか？

　共有フォルダーでアクセス許可を行うために、ユーザー名に対して**必ずパスワードを設定します**（Windowsでは、パスワードがないユーザー名はネットワークアクセスが許可されません）。また、ここではネットワークにアクセス許可するためのユーザー名の作成であるため、Windowsにサインインしているユーザー名とは同じ文字列にしないようにする他、1バイト文字列（半角英数字）でユーザー名を命名するようにします（図7-7-2）。

　ファイルサーバー上で必ず作成しなければならないという点にも注意してください。「共有フォルダー設定で任意のユーザー名をアクセス許可指定できない」というトラブルの多くは、ファイルサーバー上にユーザー名が存在しないために起こる問題です（指定方法は7章08項）。

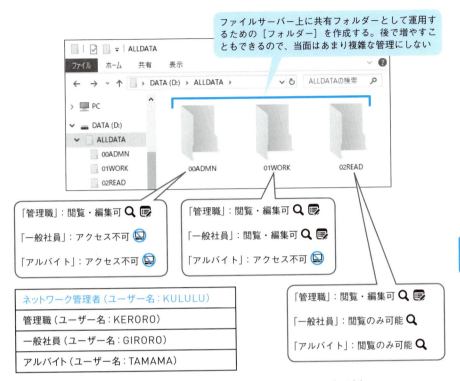

図7-7-1：共有許可するフォルダーとアクセス許可例

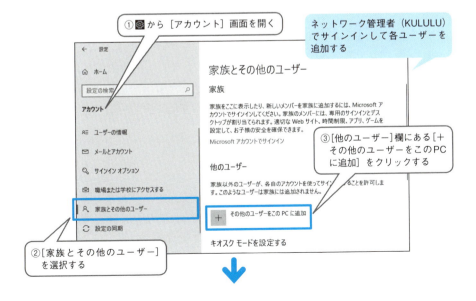

Chapter 7 ファイルサーバーによるデータファイル管理 219

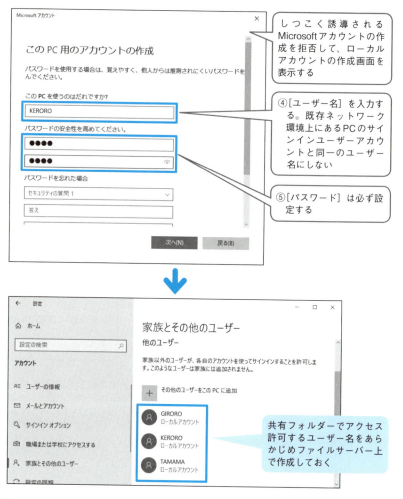

図 7-7-2：「共有フォルダーでアクセス許可するユーザー名」の作成

ワンポイントアドバイス

ファイルサーバー上では共有フォルダーとなる任意のフォルダーを作成し、「共有フォルダーにアクセス許可するためのユーザー名とパスワードの組み合わせ」を、ローカルアカウントとして作成しておこう

Section 08 ［共有フォルダー設定：サーバー］
共有フォルダーへのアクセスを許可するユーザー名を選ぼう

　ファイルサーバー上で共有フォルダー設定として必要な準備を整えたら（7章07項）、任意のフォルダーに対して共有許可設定を行います。
　共有フォルダー設定では、共有を有効にした上で任意の「共有名」を命名します（図7-8-1）。
　この後、該当共有フォルダーに対してアクセスを許可するユーザー名を指定しますが、まず共有許可されている「Everyone」を削除します（図7-8-2）。

なぜ、「Everyone」を削除するのでしょうか？

　Everyoneは「誰でも（ファイルサーバー上に存在するすべてのローカルアカウント）」という意味になりますが、ビジネス環境では共有フォルダーにアクセス許可するユーザー名は任意に指定するべきだからです。
　設定ステップとしては、まず「Everyone」を削除して「誰もアクセスできない共有フォルダー」にしてから、該当共有フォルダーにアクセス許可するユーザー名を指定します（複数のユーザー名を指定可能です）。

共有フォルダーでアクセス許可したいのですが、ユーザー名を何度入力しても設定できません

　ファイルサーバーの共有フォルダーにアクセス許可できるのは「ファイルサーバーにあらかじめ存在するユーザー名（ファイルサーバー上で作成済みのローカルアカウント）」だけです。
　先ほどの例に従えば、「KULULU」「KERORO」「GIRORO」「TAMAMA」などの、あらかじめファイルサーバー上に存在するローカルアカウントのユーザー名のみ指定できます（7章07項）。

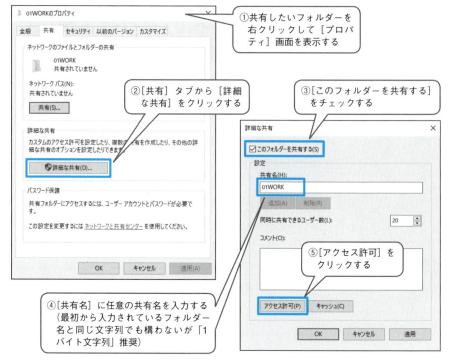

図 7-8-1：共有フォルダーの設定

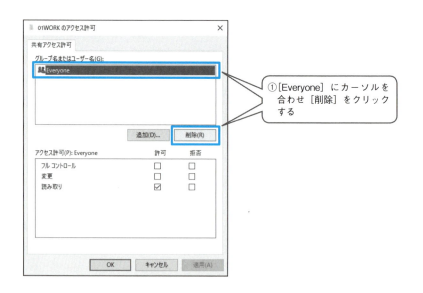

222　第2部　実践編

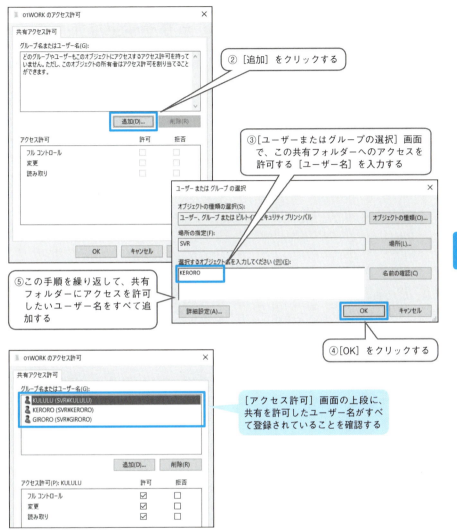

図7-8-2：共有フォルダーにアクセス許可するユーザー名の指定

ワンポイントアドバイス

ファイルサーバー上で共有フォルダー設定を行う際には[Everyone]を削除してから、共有フォルダーにアクセス許可するユーザー名を指定する。指定したユーザー名しかアクセスできない、セキュアな管理を実現できる

Section 09 ［共有フォルダー設定：サーバー］
共有許可したユーザー名の アクセスレベルを設定しよう

　共有フォルダー設定でアクセス許可するユーザー名を指定したら（7章08項）、あとは各ユーザー名に対して任意のアクセスレベルを指定すれば（図7-9-1）、ファイルサーバーとしての共有設定は完了です。

アクセスレベルとはなんですか？

　クライアントからファイルサーバーの共有フォルダーにアクセスするには「ユーザー名とパスワード」による認証が必要になりますが（7章10項）、このクライアントからアクセスする際に、共有フォルダー内のファイルに対して「読み書き」可能か、あるいは「読み取りのみ（書き込みできない）」可能なのかを指定する設定になります。

　選択肢としては［フルコントロール］、［変更］、［読み取り］がありますが、すべて許可する場合は［フルコントロール］で、読み取りのみ許可して編集や書き込みは不許可にしたい場合には［読み取り］をチェックします（図7-9-2）。

　基本的に、［許可］欄における［フルコントロール］と［読み取り］のどちらかの選択で構いません。

　ちなみに、共有フォルダー設定のアクセス許可として、**登録していないユーザー名（共有アクセス許可の一覧にないユーザー名）は、共有フォルダーにアクセス許可されません。**

　つまり、共有フォルダーにおいて指定されたユーザー名のみがアクセス許可される「ビジネス環境向けのセキュアなデータファイル管理」が実現できます。

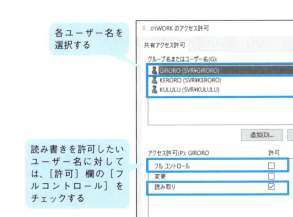

図7-9-1:各ユーザー名に対するアクセスレベルの設定

フルコントロール

フルコントロールが可能であり、下記の[読み取り]と[変更]に加えて、アクセス許可の変更や所有権の取得などが行える

変更

下記の[読み取り]に加えて、ファイルやフォルダーの追加、ファイルの変更(データ内容の変更など)、ファイルの削除が行える

読み取り

共有フォルダーを表示してデータファイルを開くこと(変更不可)やプログラムファイルの実行が行える

図7-9-2:アクセスレベル指定チェック項目の意味

ワンポイントアドバイス

共有フォルダーにアクセス許可したユーザー名に対しては、任意のアクセスレベルを指定することで権限を可変させることができ、データファイルをセキュアに管理できる

Section 10 ［共有フォルダー設定：クライアント］
PCからファイルサーバーの データにアクセスしよう

　PC（クライアント）からファイルサーバー上のデータファイルにアクセスするには、同一ローカルエリアネットワーク上に存在するという条件を満たす必要があります。

オフィス内でのデータのやりとりに使えるということですね。どうやってPCからアクセスするんですか？

　クライアントからファイルサーバーの共有フォルダーにアクセスするには、「ファイルサーバーのコンピューター名」と「共有フォルダーの共有名」を指定します。この書式は「¥¥［ファイルサーバーのコンピューター名］¥［共有名］」というかたちになります。

ファイルサーバー名が「SVR」、共有名が「01WORK」ですから……

　「¥¥SVR¥01WORK」が共有フォルダーへのアクセスするための書式です。
　ファイルサーバーへのアクセス方法はいくつかありますが、共有フォルダーをドライブに割り当てる方法が運用として確実です。
　エクスプローラー（PC表示）から［コンピューター］タブの「ネットワーク」内、［ネットワークドライブの割り当て］をクリックして、任意のドライブに任意の共有フォルダーを割り当てます（図7-10-1）。
　この際［別の資格情報を使用して接続する］をチェックしてから、［完了］をクリックします。

「別の資格情報を使用して……」というのはどういう意味でしょうか？

「資格情報」は、共有フォルダーにアクセス許可された「ユーザー名とパスワードの組み合わせ」と考えてください。ちなみにまだ一度も認証作業を行っていないので［別の資格情報を使用して接続する］をチェックして認証作業を行いますが、一度資格情報を保存してしまえば、以後この手順は不要になります。

「ネットワーク資格情報の入力」画面でユーザー名とパスワード入力が求められますので、該当共有フォルダーにアクセス許可されたユーザー名とパスワードを入力します（図7-10-2）。

この手順でクライアントの任意のドライブにファイルサーバー上の共有フォルダーを割り当てれば、**以後ネットワークであることを意識せずにローカルドライブ同様のファイル操作が可能**です。

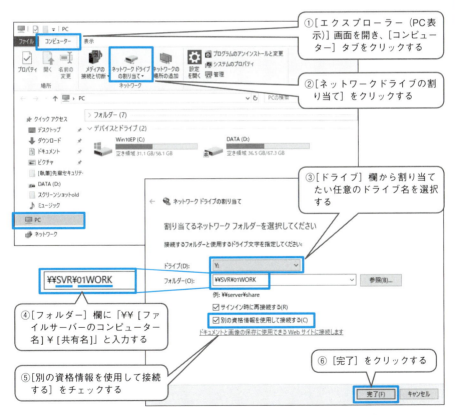

図7-10-1：ファイルサーバーにアクセスするための共有フォルダー指定

図7-10-1のあと、「ネットワーク資格情報の入力」画面が表示され、ファイルサーバーにアクセスするための資格情報が求められる

①該当共有フォルダーでアクセス許可されたユーザー名とパスワードを入力する

②入力した情報を恒久的に利用するのであれば［資格情報を記憶する］をチェックする

③［OK］をクリックする

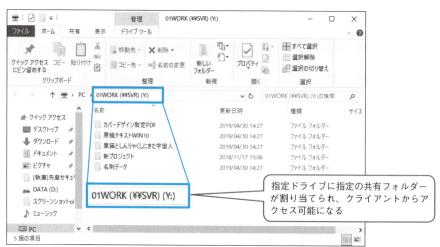

指定ドライブに指定の共有フォルダーが割り当てられ、クライアントからアクセス可能になる

図7-10-2：ファイルサーバーへアクセスするためのユーザー名指定

ワンポイントアドバイス

PCからファイルサーバーで設定した共有フォルダーにアクセスするには、「¥¥［ファイルサーバーのコンピューター名］¥［共有名］」と指定した上で、共有フォルダーでアクセス許可したユーザー名とパスワードを入力しよう

Section 11 ［資格情報の管理：クライアント］
サーバーへのアクセス情報を管理しよう

　ファイルサーバーによる共有フォルダー管理は、クライアントからのアクセスにおいて共有許可されたユーザー名とパスワードの入力が必要なため、非常にセキュアに管理できるのが特徴です。

　ちなみにクライアントからアクセスする際、いちいちアクセスするたびにユーザー名とパスワードを入力しなければならないのは面倒ですが、「資格情報」を保存してしまえば（7章10項の［資格情報を記憶する］のチェック）、以後認証作業なしでアクセスできるので便利です。

［資格情報を記憶する］で、以後パスワードなしでファイルサーバーにアクセスできるというのは、セキュリティ上危険ではないでしょうか？

　いいえ。資格情報として入力したファイルサーバーの共有フォルダーにアクセスするためのユーザー名とパスワードは、「現在Windowsにサインインしているユーザーアカウントのみ」に保存されます。

　つまり、3章12項で解説している「日常的にWindowsにサインインするユーザーアカウントをきちんと使い分けている環境」であれば、資格情報もユーザーアカウントごとの管理になるためセキュアなのです。

なるほど、PCでユーザーアカウントを使い分けていれば資格情報は共有されないのでセキュアなのですね

　そのとおりです。ちなみに、PC（クライアント）に保存した資格情報であるファイルサーバーにアクセスするためのアドレス（ファイルサーバーのコンピューター名）やユーザー名は、「資格情報マネージャー」で確認することができます。

　この際、資格情報を保存したユーザーアカウントであっても、パスワードは確

認できない仕様になっています（図7-11）。

　この特性を活かして、ファイルサーバーの共有フォルダーにアクセスする際に必要な**資格情報入力（7章10項）**を従業員に見せずにネットワーク管理者が行えば、ファイルサーバーにアクセスするためのパスワードを従業員に知られずに済むため、ファイルサーバーのデータファイル管理において、より安全なセキュリティ対策が可能になります。

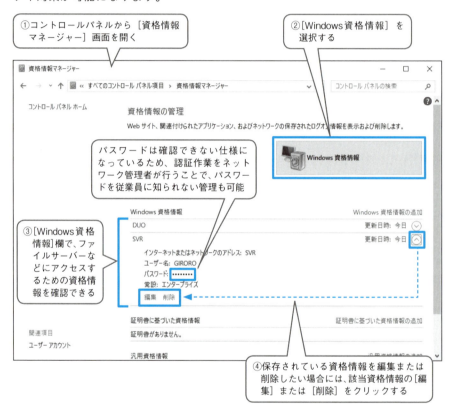

図7-11：資格情報の確認と編集

ワンポイントアドバイス

資格情報はユーザーアカウントごとに保存される。なお、共有フォルダーにアクセスする際のユーザー名とパスワード入力を従業員に見せず、ネットワーク管理者が行えばよりセキュアな環境を実現できる。

Section 12 ［ファイルサーバーの安全運用］
停電時にデータを失わないように対策しよう

　ファイルサーバーがマルウェアに侵されないために、ファイルサーバー上で日常的なデスクトップ作業を行わないようにします。

　データファイルを開く、アプリを導入する、WebブラウザでWebサイトを閲覧するなどの作業は悪意に侵される可能性があるため、**これらの日常業務作業をデータファイルを集約しているファイルサーバー上で行わないことを徹底してください。**

　またファイルサーバーもクライアント同様、デスクトップ操作をされないように常にロックを心がけるようにします（4章01項）。

　ビジネス環境として可能であれば、人が物理的に触れにくい比較的安全性が確保できる場所（通常のPCでの作業部屋とは異なる場所）にファイルサーバーを配置するとよいでしょう（図7-12-1）。

業務利用PCと比べ、
ファイルサーバー特有の管理は存在しますか？

　作業時間外にOSアップデート等の自動メンテナンスの余裕を与えるため、セキュリティ対策としての「PCの電源管理の工夫（シャットダウンせず、スリープを活用する）」を4章08項で解説しましたが、これはクライアント（業務利用PC）に適用すべき設定です。

　ファイルサーバーはクライアントとは異なり、スリープ機能も無効に設定する他（7章05項）、データファイルが集約されていることを考えても**就業時間外は電源を切る管理がセキュリティとして正しくなります。**

　ファイルサーバーにおけるWindows Updateの更新プログラム適用（再起動が必要になる適用）は、時間に余裕があるとき（ファイルサーバー上のデータファイルを必要としないタイミング）で、任意に実行することが推奨されます。

　また、ファイルサーバーはデータファイルの読み書きが集中的に行われるため、

停電などで電源供給が止まってしまうと「ファイルクラッシュ」の可能性が高まるため、**電源を常に供給できる「UPS（無停電電源装置）」の導入が推奨されます**（図7-12-2）。

UPSを導入すれば、停電中も作業続行できて便利そうですね！

いいえ。私たちが入手できる市販のUPS（数万円程度のモデル）は、停電時にPC電源を供給し続けられる時間（バックアップ時間）は長くても数十分程度なので、「停電時に正常なシャットダウンを行うための装置」と捉えてください。

なお、UPS製品における「バックアップ時の出力波形」に注意を払わないと、最悪PCが破損する可能性もある点にも注意が必要です（図7-12-3）。

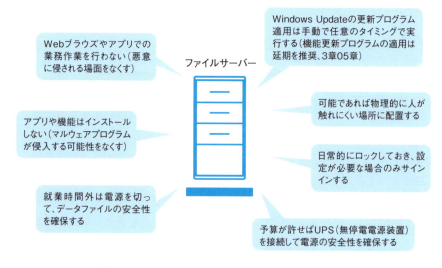

図7-12-1：ファイルサーバーのセキュリティ管理

図7-12-2：UPS（無停電電源装置）の役割

出力波形

UPSの出力波形には「矩形波」と「正弦波」があるが、PCの電源ユニットのほとんどは「PFC」と呼ばれる力率改善回路を内蔵している関係上、バックアップ運転時出力波形が「矩形波」のものはPCを物理的にクラッシュさせる可能性があるのため、必ずバックアップ運転時出力波形が「正弦波」のものを採用する

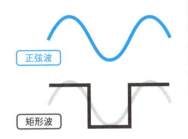

出力容量

ファイルサーバーPCに必要な電源容量を満たさなければそもそもバックアップ運転できない。PCを最低限動作させるために必要な電源容量をバックアップ運転時に出力できるUPSを採用する

図7-12-3：ファイルサーバーPCに接続するUPSの条件

ワンポイントアドバイス

ファイルサーバーPCは一部クライアントPCとは異なる管理が必要。データファイルが集約されているため、就業時間外は電源を切ることが推奨され、また電源が失われた場合に備えてUPSの接続がオススメだ

Section 13 ［バックアップ］
バックアップはセキュリティ対策であることを知ろう

　ビジネス環境でファイルサーバーが推奨される1つの理由が「バックアップ作業が一元化できる」ことにあります。

ファイルサーバーのストレージをミラーリングすれば、バックアップは必要ないでしょうか？

　物理ストレージを2台用意して同じ内容を双方に書き込む「ミラーリング（RAID1）」は耐障害性としては有効な機能で、1台のストレージが故障した場合でももう1台のストレージに内容が保持されます。

　しかし、ミラーリングが行っているのは同じ内容を別のストレージに保持するという作業です。例えば、誤ってデータフォルダーを消去してしまった場合、消去状態も別ストレージに反映されるため復元することはできません。

　つまり、ミラーリングはバックアップではありません。

　ビジネス環境におけるバックアップとは、別媒体（ファイルサーバーのストレージとは物理的に別の媒体）にデータファイルのコピーを保持している状態のことを示します。

　具体的には外付けHDDや別のPC、別のNASなどをバックアップ先としてください。

バックアップにおいて注意すべき点はあるでしょうか？

　バックアップ先となる媒体（バックアップ媒体）のセキュリティ管理に注意してください。

　外付けHDDであれば「BitLockerドライブ暗号化（BitLocker To Go）」を適用した上で金庫に保管するなどの工夫を行い、「バックアップ媒体からデータファイ

ルが漏れない」というセキュアな管理を心がけるようにします。

バックアップの頻度はどうすればよいでしょうか？

　作業環境やデータファイルの重要度などにもよるので「ビジネス環境任意」になりますが、理想は「1日1回のバックアップ」でかつ「履歴的にデータファイルがさかのぼれる」状態です。

　日常的なバックアップ管理が難しい場合には、せめて週に1回バックアップを実行して、また普段のバックアップ媒体とは別の媒体へのバックアップを月次で行うことが推奨されます（図7-13）。

筆者はNASの同期機能を用いて日次でファイルサーバーを自動的にバックアップしている。また、別途バックアップ専用PCも用意した上で、アプリ「BunBackup」を用いて履歴的にさかのぼれる世代管理バックアップの日次実行の他、事務所ごと消失したことも考えてクラウドにもバックアップしている

図7-13：バックアップの参考例

ワンポイントアドバイス

バックアップとはファイルサーバーが故障してもデータファイルが保持できる状態でなければならない。外付けHDDやクラウドなどを活用して、データファイルのバックアップは日々怠らないようにしよう

Chapter 7　ファイルサーバーによるデータファイル管理　235

Index | 索引

【英数字】

2.4GHz帯 …………………………… 180

5GHz帯 ……………………………… 180

Androidアプリ …………………… 198

Apple ID ………………………… 196

BIOS ……………………………… 051

BitLockerドライブ暗号化 …… 124,234

Cookie ………………………… 155

CPU ……………………………… 048

DHCP ………………… 038,040,168,176

Everyone ……………………… 221

EV認証 …………………………… 141

Flashコンテンツ …………… 157,166

Google Play …………………… 198

InPrivateブラウズ……………… 155

Internet Explorer ……………… 153

IPアドレス ……………………… 036

Microsoft Edge ……………… 154

Microsoft Store ………………… 081

Microsoftアカウント …………… 081,087

NAS ……………………………… 210

NAT ………………………… 040,168

OS ……………………………… 042

OSアップデート ………………… 070

PCの買い替え ………………… 202

PCのリカバリ …………………… 091

PCのリセット ……………… 089,128,202

SSLサーバー証明書 ……… 138,140,166

TPM …………………………… 051

UEFI …………………………… 051

UPS …………………………… 231

USBメモリ ……………………… 124

UWPアプリ …………………… 072,081

VPN …………………………… 177

Webサーバー…………………… 143

Webブラウザ …………………… 151

Wi-Fi接続パスワード …………… 184

Windows Defender……………… 052

Windows Update……………… 047,112

Windows 10 ………… 046,050,060,208

Windows 10メモリ診断 ………… 048

【あ】

アクセスポイント名 …………… 190

アクセスレベル ………………… 224

アップデート …………………… 079

アプリの権限 …………………… 198

アンインストール ……………… 134

暗号化…………………………… 190

暗号化キー ……………… 182,184

暗号化設定……………………… 178

暗号化方式……………………… 182

インターネットプロバイダー ………… 144

ウィルス ……………………………… 018

ウィルス検知プログラム ……………… 112

ウィルススキャン ………………… 110,130

ウィルスデータベース …………… 054,112

遠隔消去 ………………………… 196,199

遠隔ロック ……………………… 196,199

オフラインスキャン …………… 130,132

【か】

カスタムスキャン ……………………… 132

拡張機能 ………………………………… 151

拡張子 …………………………………… 116

仮想マシン …………………………… 095

管理者 …………………………………… 083

管理者権限 …………………………… 083

キーロガー ………………… 023,031,075

企業実在認証 ………………………… 141

偽装警告 ………………………… 026,146

偽装サイト …………………………… 149

機能更新プログラム ………………… 068

キャッシュ …………………………… 155

共有フォルダー …………… 216,218,224

クイックスキャン ………………… 110,130

クライアント …………… 037,204,226

クラウド ………………………… 058,122

グローバルIPアドレス ……… 037,144,168

警告設定 ……………………………… 077

更新プログラム ……………………… 068

【さ】

サーバー ………………………… 037,204

サインインオプション ………………… 104

サブドメイン ………………………… 149

サポート期間 ………………………… 044

サンドボックス ………………… 042,095

シークレットモード ………………… 155

資格情報 ………………………… 085,227

システムバックアップ ………………… 091

自動ロック …………………………… 102

従量制課金接続 ……………………… 192

情報漏えい ………… 022,075,121

ストレージ ……………………… 042,048

スナップショット …………………… 096

スパムメール ………………………… 108

スマートフォンのセキュリティ ………… 194

スマートフォンのデザリング ………… 200

スリープ ………………………… 102,115

脆弱性 …………………………… 028,066

セカンダリSSID ……………………… 188

セキュリティアップデート …………… 046

セキュリティキー ………………… 183,184

セキュリティキーボード ……………… 165

セキュリティ期間 …………………… 044

セキュリティ状態 …………………… 063

セキュリティソフト ………………… 065

セキュリティ対策 ………………… 021,028

セキュリティプロバイダー ……… 062,064

237

セキュリティリスク	017	パスワード総当たり攻撃	163
設定	034	バックアップ	234
		バックドア	031,127
【た】		ヒューリスティック	054
タスクマネージャー	133	標準搭載	052
中古PCの購入	202	標準ユーザー	083
定義更新プログラム	068	品質更新プログラム	068
停電	231	ファームウェア	169,174
デスクトップアプリ	072,079	ファームウェアアップデート	210
デスクトップのロック	100	ファイアウォール機能	052,056
デフォルトゲートウェイアドレス	171	ファイルクラッシュ	231
同期機能	160	ファイルサーバー	
ドメイン	036,166	032,093,200,206,208,212,226	
ドメイン認証	141,149	フィッシング	023,149,163
ドライバーのエラーチェック	048	踏み台	022,031,075,127,146
トラブルシューティング	200	プライベートIPアドレス	037,038,168
トロイの木馬	018	プライベートブラウズ	155
		プライマリSSID	182,188
【な】		プラグイン	151
二段階認証	029,165	フリーWi-Fi	180
ネットワーク管理者	230	フリーウェア	072
ネットワークプロファイル	192	ブルートフォースアタック	163
ネットワーク分離	188	フルスキャン	127,130,132
		ポートマッピング	041,176
【は】		ホワイトリスト	109
ハードウェア	042		
ハードウェアトラブル	047	**【ま】**	
パスワード	085,122,162,164,218	マクロの無効設定	120

マザーボード	048
マルウェア	018,089,106,127
マルウェア対策機能	052,054
ミラーリング	234
無線LAN	178,180,182,186
無線LANアクセスポイント	190
無線LANルーター	168
無停電電源装置	231
メールアドレス	108
メールフィルター	108
メモリ	048

【や・ら・わ】

ユーザーアカウント	083,085
ユーザーアカウント制御	076
誘導	025,146
ランサムウェア	022,075,127,146
リモートロック	194,196,199
リモートワイプ	194,196,199
ルーター	040,168,170,172,174,176
ルーターの設定	041
ローカルアカウント	087
ローカルエリアネットワーク	037,041
ログインパスワード	172
ワーム	018
ワイドエリアネットワーク	037,041
ワンタイムパスワード	165

著者プロフィール

橋本和則（はしもと かずのり）

Microsoft MVP（Windows and Devices for IT）を13年連続受賞。
IT著書は80冊以上に及び、代表作には『帰宅が早い人がやっている パソコン仕事最強の習慣112』『Windows 10上級リファレンス』『Windows 10完全制覇パーフェクト』『Windowsでできる小さな会社のLAN構築・運用ガイド』（以上、翔泳社）、『ひと目でわかるWindows 10 操作・設定テクニック厳選200プラス！』（日経BP社）の他、上級マニュアルシリーズ（技術評論社）などがある。
IT機器の使いこなしやWindows OSの操作、カスタマイズ、ネットワークなど、わかりやすく個性的に解説した著書が多い。
震災復興支援として自著書籍をPDFで公開。Windows 10/8/7シリーズ関連Webサイトの運営のほか、セミナー、著者育成など多彩に展開している。

- **橋本情報戦略企画** URL https://hjsk.jp/
- **Win.10jp** URL https://win10.jp/

装丁・デザイン	植竹 裕（UeDESIGN）
イラスト	山田 タクヒロ
DTP	BUCH+

先輩がやさしく教える
セキュリティの知識と実務

2019年 9 月13日　初版第 1 刷発行
2020年 12 月 5 日　初版第 2 刷発行

著者	橋本 和則
発行人	佐々木 幹夫
発行所	株式会社 翔泳社（https://www.shoeisha.co.jp）
印刷・製本	株式会社 廣済堂

©2019 Kazunori Hashimoto

本書は著作権法上の保護を受けています。本書の一部または全部について（ソフトウェアおよびプログラムを含む）、株式会社 翔泳社から文書による許諾を得ずに、いかなる方法においても無断で複写、複製することは禁じられています。
本書へのお問い合わせについては11ページに記載の内容をお読みください。
落丁・乱丁はお取り替えいたします。03-5362-3705までご連絡ください。

ISBN978-4-7981-6140-2　　　　　　　　　　　　　　Printed in Japan